碳中和倒计时丛书

碳中和行动
绿色公益推进气候治理

北京市企业家环保基金会　主编

电子工业出版社
Publishing House of Electronics Industry
北京·BEIJING

内容简介

气候变化正在威胁着整个人类社会，我们如何参与应对这一场全球危机？2020 年，中国提出力争于 2030 年前实现碳达峰、2060 年前实现碳中和的战略目标。公益行业作为社会发展的重要组成部分，正在通过不同方式推动着个体、社区、企业等共同参与这场行动，促进社会的绿色发展。本书汇集了多家国内外公益机构的气候变化解决方案，从公众生活、基于自然的解决方案、商业可持续解决方案三个方面出发，展现民间的气候行动力量与成果。

未经许可，不得以任何方式复制或抄袭本书之部分或全部内容。
版权所有，侵权必究。

图书在版编目（CIP）数据

碳中和行动：绿色公益推进气候治理 / 北京市企业家环保基金会主编 . —北京：电子工业出版社，2022.8
ISBN 978-7-121-43496-9

Ⅰ.①碳… Ⅱ.①北… Ⅲ.①二氧化碳－节能减排－研究－中国 Ⅳ.① X511

中国版本图书馆 CIP 数据核字（2022）第 086509 号

责任编辑：宁浩洛
文字编辑：王天一
印　　刷：河北迅捷佳彩印刷有限公司
装　　订：河北迅捷佳彩印刷有限公司
出版发行：电子工业出版社
　　　　　北京市海淀区万寿路 173 信箱　邮编：100036
开　　本：720×1000　1/16　印张：20　字数：316 千字
版　　次：2022 年 8 月第 1 版
印　　次：2024 年 6 月第 3 次印刷
定　　价：69.80 元

凡所购买电子工业出版社图书有缺损问题，请向购买书店调换。若书店售缺，请与本社发行部联系，联系及邮购电话：（010）88254888，88258888。
质量投诉请发邮件至 zlts@phei.com.cn，盗版侵权举报请发邮件至 dbqq@phei.com.cn。
本书咨询联系方式：wangtianyi@phei.com.cn。

编委会

主　任　卢之遥
副主任　金少泽　杨子羿　郑晓雯

顾　问　杨彪　张立

编　委　安文硕　安周　包国庆　陈顺洋　蔡岳池
　　　　曹子靖　丁杉杉　关磊　高琦　葛勇
　　　　胡敬唯　侯远青　蒋南青　刘春蕾　刘家顺
　　　　刘源　刘屹辰　李颉歆　李鸣燕　马莹莹
　　　　钱正义　宋慧　孙静　孙逍　汤蓓佳
　　　　唐才富　田政逸　武曙红　王静　王利民
　　　　王雯雯　王香奕　王媛　吴爽　萧今
　　　　杨培丹　曾楠　张晶　张冉　张思璐
　　　　张苇　张英豪　赵飞雁　赵璐　翟悦竹
　　　　周晓竺　周真　朱德军　朱紫琦

（按姓氏拼音排序）

联合撰稿单位　　Impact Hub Shanghai 影响力工场
北京绿普惠网络科技有限公司
北京市朝阳区公众环境研究中心
北京市朝阳区能源与交通创新中心
长江生态保护基金会
成都根与芽环境文化交流中心
大自然保护协会（美国）北京代表处
赋能生态环境（南京）有限公司
广东湛江红树林国家级自然保护区管理局
广州冬曙谐造科技有限公司
建筑 2030
零活实验室
绿色创业汇
青年应对气候变化行动网络
上海静安区爱芬环保科技咨询服务中心
上海闵行区青悦环保信息技术服务中心
深圳市大道应对气候变化促进中心
万科公益基金会
中国国际民间组织合作促进会
中国绿色碳汇基金会
自然之友·盖娅设计工作室
自然资源部第三海洋研究所

（按拼音排序）

专家序

实现碳中和,将给中国带来哪些变化

贺克斌

中国工程院院士,清华大学碳中和研究院院长、环境学院教授

在2022年全国"两会"上,"双碳"目标成为热议的话题之一。国务院总理李克强在政府工作报告中指出,2022年要有序推进碳达峰碳中和工作,落实碳达峰行动方案。一年前——2021年全国"两会"上,"双碳"首次被写入政府工作报告,从当年的"扎实做好""制定方案"到2022年"有序推进""落实方案"等措辞上的细节变化,意味着,我国的碳达峰、碳中和工作已经由前期谋划阶段步入实质性推进阶段。

那么,如期实现碳达峰、碳中和目标,将给中国带来哪些深远影响?又将如何影响我们的日常生产和生活?

可以肯定的是,实现碳达峰、碳中和目标会带来政府行为、企业行为和个人行为的根本变化,覆盖全社会的方方面面,影响范围非常大。这是一场广泛而深刻的经济社会系统性变革,涉及观念重塑、价值重估、产业重构及广泛的社会经济和生活影响,这就是我们的未来之变。

第一是观念重塑。现在的全球经济高度依赖化石能源,但是化石能源作为不可再生资源，不仅总量有限，而且在全球的地域分布极度不均匀，目前，煤炭储量前五位的国家占了全球煤炭 75% 的储藏量；石油储量前五位的国家占了 62%；天然气储量前五位的国家占了 64%。关于能源结构降碳，它的核心是要大幅度地提升可再生能源或者非化石能源的消费比例。非化石能源最典型的有四个，分别是风能、太阳能、水能、核能，其中风能、太阳能将来的占比会更高。全球风、光资源分布相对更均匀，谁能够更好地掌握和获取风、光资源，即开发出大规模应用风电、光伏电的领先技术体系，谁就获得了支撑长期经济发展的能力。这是一个从资源依赖走向技术依赖的过程，未来这个过程会使我们更多地关注关键技术。

第二是价值重估。目前，风、光发电与火电发电的成本已经相当。但是如果加上并网成本，风、光电目前与火电相比价格还比较高。碳市场的建立健全和逐步完善，会使碳价在全国或全世界发挥作用，逐渐使技术间的竞争优势发生变化，并网成本随着规模的应用将大大降低。因此，风电、光伏电的价值和竞争力会被重新认识。

第三是产业重构。未来在减碳目标的推动下，传统的加油站会变成加能站，在我们国家这已不是概念式的未来构想，而是正在走向现实。此外，供电系统也会发生变化，未来，风能和光能这两种新能源会越来越大比例地投入新型的电力系统中。这一情况下，电力供需管理系统会催生新型产业——虚拟电厂，提供通过调节"需"方来适应"供"方的波动的功能——这是未来发展中非常值得期待的。现在我们国家在江苏等省份已经有这样的例子，水泥、有色冶金（电解铝）、钢铁行业三种工业已经能够形成 2000 兆瓦的虚拟电厂，能提供相当于十来个燃煤火电厂的发电量的供需调节能力。随着未来的发展，这部分新业态发挥的作用还会更大。

另外，减碳压力的产业链传递也很突出。现在越来越多的全球性大公司自主承诺减排，原来考察一家企业到底排多少碳主要看它的生产过程，但现在已经扩大到全产业链。一个产业链包括上游的原料生产和下游的产品应用，把上下游综合考虑起来，就会形成减碳压力的产业链传递。工业产业链也会发生重大变化，传统石油炼制形成汽柴油输送给燃油车，燃油车消费后会排放大量的二氧化碳，未来这一产业链的市场空间会被大大压缩。新能源大幅推广后，通过石油生产基础化工原料，产出橡胶、塑料、纤维这样的产品的产业链还有很大市场空间，而相关新材料还会进一步拓展市场空间。因此化工生产系统未来的主要方向会是燃料变成原料、能源变成资源，这样在终端产品里碳排放的压力会明显减少。

第四，除了观念重塑、价值重估和产业重构，碳中和会对我们的社会生活造成广泛的影响。

首先是出行方面，比如大幅度使用新能源汽车，特别是电动汽车，在全国会形成比较大的消纳风电、光伏电的能力，这些也是虚拟电厂的组成部分。一个电动汽车的用户，可能根据充放电的过程做优化选择，未来可能会通过虚拟电厂的方式，在整个优化系统里发挥调节作用——当风电、光伏电特别充足的时候，电价相对低，可把汽车的电充满，就会形成一个分布式的储能系统。当风电、光伏电不足时，电价就会涨，那么电动汽车用户可以去放电，相当于在卖电。

其次是住——建筑。现在有个概念叫"光储直柔建筑"，"光"指的是利用建筑的表面发展光伏电，有研究表明，理论上如果把全北京市的屋顶都装上光伏发电设施，所获得的电能可能是北京市用电量的2倍。"储"就是在建筑物里可以连接建筑物外的充电桩或蓄电池。"直"是内部直流配电。"柔"是弹性负载、柔性用电。直流和交流用电会有15%左右的效率提升，同时如果用了柔性用电系统，建筑在用电上会有15%~30%的调节能力，所以在适应未来高比例的风电、光伏电的时候，会成为非常重要的系统。

最后，对普通老百姓的个人行为也有影响。上海已经开始实施的碳普惠行动，无论是垃圾分类、绿色出行、节约用电，还是光盘行动等，方方面面都可以积分制，这个分叫作"碳币"，公众可以在一定范围内使用它，购买一些需要的商品、服务，这是鼓励简约生活，使得人人都可以对减碳行动做出或大或小的贡献。

北京市企业家环保基金会主编的《碳中和行动：绿色公益推进气候治理》一书，围绕每时每刻都在和"碳"产生关联的公众个体，从家庭、社区、社会等各个层面讲述行动方案与故事，涉及上述提到的观念重塑、价值重估、产业重构及生活影响四个方面。同时，本书中诸多环保NGO伙伴，本着对人类高度负责的态度，整合社会力量、促进公民参与、倡导环境政策、监督职责履行、促进国际交流合作，务实开拓，探索创新。

碳中和可能是改革开放四十多年后对中国未来具有重大影响的下一个大事件，实现碳达峰、碳中和将是一场广泛而深刻的经济社会系统性变革。我们有理由相信，有了全球人类及社会各界的共同协作，温室气体的排放一定能得到控制，全球变暖的趋势一定能得到缓解，我们的地球家园一定能更加和谐健康。

目 录

| 第一章 | 气候变化下的绿色公益 | 1 |

第一节　全球气候变化下的公益力量 …………………………… 2
第二节　中国气候目标下的绿色公益 …………………………… 16

| 第二章 | 绿色公益与公众生活 | 29 |

第一节　碳中和里的"人人力量" ………………………………… 30
第二节　无限可能的零废实验 …………………………………… 37
第三节　"样板间"里的低碳家庭想象 …………………………… 47
第四节　触手可及的社区碳中和 ………………………………… 57
第五节　社区厨余垃圾的价值再生 ……………………………… 67
第六节　垃圾分类中的社区内生力量 …………………………… 75
第七节　城市绿色出行的破局 …………………………………… 83
第八节　清洁取暖开启地球去暖 ………………………………… 95
第九节　教育先行打造气候行动基石 …………………………… 106
第十节　解锁可持续时尚中的衣物再生 ………………………… 113

| 第三章 | 绿色公益与基于自然的解决方案 | 123 |

第一节　基于自然的解决方案在中国 …………………………… 124
第二节　碳汇林里的那些事儿 …………………………………… 134

第三节	寻找海洋里应对气候变化的蓝色答案	143
第四节	我们该拿什么拯救荒漠化	150
第五节	探索社区发展与物种保护的共进之路	160
第六节	湿地鸟类的家园保卫战	171
第七节	守护生命长江 留住它的"微笑"	187

第四章 绿色公益与商业可持续解决方案 ……… 197

第一节	商业可持续中的公益解决方案	198
第二节	第三方观察：钢铁行业超低排放	207
第三节	数据透视助力绿色金融	216
第四节	迈向零碳建筑时代	225
第五节	房地产行业绿链之道	233
第六节	纺织行业供应链碳减排实践	243
第七节	呼唤更环保的电动汽车	254
第八节	追本溯源，企业碳减排责任与行动	264
第九节	低碳共创是怎样一种体验	275

第五章 发展与展望 ……… 285

| 第一节 | 中国青年造就绿色未来 | 286 |
| 第二节 | 中国公益助力气候未来 | 295 |

后记 ……… 305

第一章
Chapter 1

气候变化下的绿色公益

第一节　全球气候变化下的公益力量

一、全球气候变化现状

随着因气候变化引起的极端天气现象频发、国内外应对气候变化政策的出台及相关行动的推进，气候变化问题开始破圈，逐步从科学家和从业者讨论的专业问题，走进公众的视野并被广泛传播。

近年来，我们会经常看到或听到"今年是某年以来最热的一年"，以及某地发生飓风、大雪等极端天气现象并将其与气候变化联系阐述的报道或说法。从热带地区的马来西亚和印度尼西亚到极地地区，从东半球的日本和印度到西半球的南北美洲和非洲，在气候变化的影响下，全球多个地区持续经历极端天气、冰川消融、森林大火等灾害。极端天气也正变得愈加剧烈、频繁和持久。这意味着气候变化已在全球范围内造成了严重的影响，而更大的风险正在酝酿。全球多地极端高温屡屡刷新历史纪录，并带来强对流天气、干旱、山火等更严重的挑战，对人们的健康安全乃至生存构成威胁。

2021年春季，在高温干旱大风的气象条件下，蒙古国接二连三发生多次特大沙尘暴，4月中旬又遭遇草原大火。4月，至少1500起火灾在印度北部蔓延，约20人因此丧生，成千上万公顷的森林遭到摧毁。5月19日，希腊科林斯地区爆发森林大火，规模为近二三十年当地最大。2021年春季以来，美国西部大片区域持续遭遇异常大旱。5月初，加利福尼亚州山火的过火面积超2100公顷，预示着山火季的提早到来。6月下旬，莫斯科气温达到34.8℃，打破了1901年的纪录，成为120年以来最热的六月天。

6月底，罕见的极端热浪再一次袭击了美国西北部和加拿大西部地区，多地刷新了历史最高气温纪录，数千万人遭受持续的高温炙烤。加拿大不列颠哥伦比亚省利顿村气温飙升至49.5℃，连续三天刷新加拿大全国的历史高温纪录。7月，热浪之中的加拿大利顿村被野火吞没，几乎所有建筑物都被摧毁，并迫使全体居民撤离。

2021年7月，河南省遭遇极端强降雨灾害侵袭，省内多个城市发生严重内涝，个别水库溃坝，部分铁路停运、航班取消。省会城市郑州市20日24小时降雨量达到624.1毫米[1]，其中20日16时至17时降雨量达201.9毫米，打破了中国大陆小时降雨量的历史极值——据测算，这相当于有107个西湖于一小时内灌入郑州[2]。除郑州市外，周边城镇同样受灾严重，荥阳市、巩义市部分地区都出现断水、断电、断路的情况。7月21日3时，河南省防汛抗旱指挥部将防汛Ⅱ级应急响应提升至Ⅰ级。而这场历史罕见的暴雨导致398人死亡失踪、1478.6万人受灾[3]。特大暴雨打破了人们对大城市远离自然灾害的印象。据中央气象台报道，郑州此次极端强降雨的最大小时降雨量已超过1975年"75·8"特大洪水时在河南林庄录得的198.5毫米。气象专家认为郑州此次降水强度超千年一遇[4]。

暴雨、冰川融化等气候事件还会诱发山洪、泥石流、山体滑坡等地质灾害。气候灾害及其次生灾害往往是致命的，使人类的健康和财产安全失去保障。2021年2月，印度冰川断裂引发山洪，两个月后的再次断裂引发雪崩，造成上百人伤亡；3月，澳大利亚新南威尔士州遭遇百年一遇的洪水，部分房屋被整幢冲走；4月，印度尼西亚的暴雨引发了山洪和

---

[1] 央视网：《8组数据直击河南暴雨救援现场，河南，中！》，2021年7月21日。
[2] 财新网：《数字说 | 相当于107个西湖一小时内灌入郑州 暴雨劫城何来？》，2021年7月21日。
[3] 新华网：《河南郑州"7·20"特大暴雨灾害调查报告公布》，2022年1月21日。
[4] 《专家从气候学角度分析认为郑州特大暴雨千年一遇》，《郑州日报》2021年7月21日第1版。

山体滑坡，造成至少55人死亡，数百人紧急撤离。2018年7月，巴基斯坦吉尔吉特–巴尔斯蒂坦地区遭遇冰湖溃决，房屋、桥梁、庄稼和树林遭到破坏，近千名村民被迫撤离。挪威难民理事会的境内流离失所监测中心（IDMC）指出，2020年因洪水、暴风雨及山火等与气候变化相关的灾害导致的境内流离失所人数超3000万人。

农业首当其冲地受到蝗灾、洪涝、干旱等问题的影响。2020年，面临粮食危机的人数达到过去五年来的最高水平。自2021年2月以来，美国西部持续经历高温和异常干旱的恶性循环，加剧了水资源短缺问题，导致新冠肺炎疫情下本就脆弱的农产品供应雪上加霜。近两年，异常的天气条件加剧了非洲的蝗虫灾害，2021年3月纳米比亚超过854公顷的作物被破坏，粮食短缺风险急速上升。气候变化导致马达加斯加南部遭遇了四十年来最严重的旱情，114万人处于饥饿之中。

更重要的是，在气候变化及其引发的自然灾害的影响下，全球共同面临的风险也在升级。在新冠肺炎疫情仍在各国肆虐的同时，气候变化加剧了粮食短缺、贫穷、冲突和社会不平等等问题，而老人、儿童、妇女等脆弱人群往往受到更多影响。2000—2018年，65岁以上人群中与高温相关的死亡率增加了53.7%，2018年死亡人数高达29.6万人。

除了人类，动植物及整个生态系统在气候变化下也正处于更危险的境地。随着海洋温度的不断上升，澳大利亚东北海岸的大堡礁在五年内出现了三次严重的白化现象，大量珊瑚死亡。研究发现，马来西亚附近海域的白鳍礁鲨或因海水升温患上不明皮肤病。2021年5月，希腊柯斯林地区的山火导致大约54%的受保护松树林被烧毁，很多幼年的野生动物也死于火灾。频繁的山火引起森林破碎化，使原本连续的生物栖息地被分割成更小、更独立的碎片，造成严重的生物多样性损失。在冰川加速消融导致全球海平面不断上升的背景下，滨海湿地和小岛屿处于严重威胁之中，企鹅、北极熊等极地生物也将面临栖息地退化危机。

虽然这些事件之间没有直接关联，但其背后有一个共同的"罪魁祸首"——气候变化。气候变化正在让极端天气事件变得更加频繁和激烈。这其中，不仅有热浪、龙卷风、干旱、野火、山洪，还有会造成风暴潮的海上极端风暴。气候变化对人类社会是一个直接威胁，它不仅会影响许多人的生活，还会破坏许多关键基础设施（供水、供电设施，食物供应链，建筑和能源设施），加剧荒漠化和土地退化，造成大片土地无法耕种、放牧，并导致农业病虫害加剧和粮食作物产量降低，威胁世界粮食安全。

同时，因气候变化导致的北极海冰融化已经破坏了世界各地的天气模式。根据格兰瑟姆研究所的研究，2018年的北极环境变化可能以改变高空急流的方式，在欧洲引发了被称为"东方野兽"的凶猛寒潮。专家称："赤道和两极之间的温差驱动了许多大规模天气系统，包括高空急流。""如果气候系统部分发生变化，其余部分也会做出反应。"气候变化导致世界各地的永久冻土开始融化并释放温室气体。2020年夏天，当西伯利亚的气温达到38℃时，北极圈部分地区的地表温度也达到了创纪录的45℃，加速了该地区永久冻土的融化。永久冻土层含有大量的温室气体，包括二氧化碳和甲烷，这些气体会在冻土融化时释放到大气中。横越西伯利亚、格陵兰岛、加拿大和北极的永久冻土层面积约为2300万平方千米，其中的碳含量是大气中的2倍，约为16000亿吨。大部分碳以甲烷的形式储存，而甲烷是一种强效温室气体，在20年的时间框架内其对全球变暖的影响是二氧化碳的84倍。此外，自1990年以来，世界已经失去了1.78亿公顷的森林，相当于非洲国家利比亚的国土面积。2015—2020年，全球每年的森林砍伐量为1000万公顷。据估计，陆地上45%的碳储存在树木和森林土壤中，全球土壤含有的碳比所有植物和大气的碳含量总和还要多。当森林被砍伐或烧毁时，土壤受到扰动，二氧化碳就被释放出来。而释放出来的二氧化碳等温室气体，会加剧全球气候变化。

由此可见，气候变化深刻影响着人类的生存和发展，是世界各国共同面临的重大问题和挑战。为应对气候变化，各国在于1994年3月21日生效的《联合国气候变化框架公约》的指导下，开展全面控制温室气体排放以应对气候变化给人类经济社会带来不利影响的全球行动。2015年年底在巴黎举办的《联合国气候变化框架公约》第二十一次缔约方会议上通过的《巴黎协定》，对全球2020年后应对气候变化的行动做出了统一安排。《巴黎协定》的长期目标为，到21世纪末将全球平均气温较工业化前水平升幅控制在2℃之内，并为把升温控制在1.5℃之内而努力，同时明确了以"国家自主贡献"（NDC）为基础的减排机制。随后，世界各国陆续签署《巴黎协定》并提交国家自主贡献方案，越来越多的国家政府以此为基础制定国家战略，在国家或区域层面推动应对气候变化的行动和措施逐步落实，在阶段性评估进度的同时提出更具有雄心的目标和方案。目前，已有超过130个国家和地区提出了"零碳"或"碳中和"气候目标。据世界资源研究所跟踪统计，截至2021年4月，已有包括欧盟27国在内的77个国家/经济体提交了更新的国家自主贡献方案，另有80个国家承诺会提交增强的国家自主贡献目标，包括中国、美国、加拿大等主要经济体和温室气体排放国。

据美国国家海洋和大气管理局（NOAA）估算，全球平均地面温度已上升1.15℃。如果温室气体排放继续以目前的速度增长，全球温升可能在2030—2052年达到1.5℃。目前，各国为实现《巴黎协定》目标所做的国家自主贡献承诺仍然严重不足，实现2℃和1.5℃温控目标需要全球到2030年在现有NDC基础上进一步减排190亿～290亿吨和280亿～300亿吨二氧化碳当量。此外，世界各国应对气候变化的态度和政策等存在明显差异，如国家自主贡献方案减排力度差异较大，以提交的目标类型为例，不同国家提交的目标类型包括"碳强度目标""减排行动目标""相对基准年目标"等不同形式，减排目标覆盖的温室气体种类以及目标年的选择也各不相同；应对气候变化的雄心和态度不同，欧盟、英国、新西兰等地区和国家已宣布或拟宣布进入气候紧急状态，预计采取更具雄心的应对行动，而美国、澳大利亚、俄罗斯等排放大国目前缺乏明确且长远的规划。仅有 20 多个国家和地区在其法规或政策宣誓中明确承诺截至 21 世纪中叶实现碳中和，还有许多国家的碳中和承诺仍在讨论中，难以消除排放差距。

与此同时，2021 年 2 月联合国发布的《〈巴黎协定〉之下的国家自主贡献》报告认为，很多国家在《巴黎协定》下的减排承诺还远远不够，无法完成预期目标。据统计，占全球排放量一半以上的 58 个国家已承诺到 2050 年实现净零排放目标，中美两个最大的温室气体排放国则做出了碳中和承诺。如果这些国家都能实现各自的净零或碳中和目标，则地球升温上限会被限制在 2.1℃，低于预计的 3℃。非常明显，这与《巴黎协定》的温控目标基本一致，但与更具雄心的 1.5℃尚有距离。

作为一场重大生物危机，始于 2020 年年初的新冠肺炎疫情引发了全球系统性风险，对风险预防和提升社会经济系统韧性而言是一次重要警示。新冠肺炎疫情并不是单纯的"黑天鹅"事件，历史上曾出现的 SARS、MERS、埃博拉出血热、寨卡病毒病以及各种禽流感，早已经给人类敲响了警钟。新冠肺炎疫情的暴发暴露了社会整体的风险意识不强以及社会经济系统对于新发传染病缺乏足够的治理能力等问题。此外，风险之间的关联性也不容忽视。《2020 年全球风险报告》指出，未来十年排名前五位的全球风险之一是极端天气等气候相关的环境风险，而且各个风险并非彼此独立，而是彼此加剧。全球气候变暖风险与经济社会风险不仅紧密关联，而且会暴露社会的脆弱性，放大社会经济矛盾。2019 年气候变暖已对全球数百万人的健康、食物和家园产生直接影响，全球海平面高度已达有记录以来的最高值，这将对生物多样性造成灾难性后果，对社会经济系统的影响将难以估计。此次疫情给了人们最有力的警示，我们应该吸取教训，提前部署，建立更具韧性的治理系统。

新冠肺炎疫情对多国经济社会造成巨大冲击，使得贫困人口处境进一步恶化，主要经济体失业率出现大幅波动，对弱势群体造成了更大的影响，对应对气候变化下的公平公正等问题也带来了更大的挑战。为了缓解疫情带来的环境、社会和经济冲击，许多国家在应对气候变化、绿色低碳转型的背景下，出台了一系列绿色复苏计划或政策，以有效引导经济社会向更加可持续、更加具有包容性的方向发展。

2020年9月，一份由世界气象组织汇编并汇集了来自全球碳计划、联合国教科文组织政府间海洋学委员会、政府间气候变化专门委员会、联合国环境规划署、英国气象局等机构的相关信息的名为《2020团结在科学之中》的报告指出，全球气候变化未因新冠肺炎疫情而止步，大气中温室气体浓度达到创纪录水平并继续上升，且该趋势很可能持续，最终可能无法实现全球温控目标。新冠肺炎疫情使各国在许多方面都受到干扰，必须把从新冠大流行中恢复的过程变成建设更美好未来的机会，为此需要科学、团结和解决方案。我们仍有缩小排放量与减排目标之间差距的可能性，但需要所有国家、所有部门、所有利益相关方采取紧急、一致的有效政策和行动。

2020年3月10日，世界气象组织发布的《2019年全球气候状况临时声明》指出，按照计划，各国政府2020年应制定更严格的减排目标，并向《联合国气候变化框架公约》秘书处提交更新的国家自主贡献目标。受疫情影响，目前只有少数国家提交了更新的国家自主贡献目标，《联合国气候变化框架公约》一系列工作会议被迫取消，原定于2020年11月在英国格拉斯哥举行的《联合国气候变化框架公约》第二十六次缔约方大会推迟到 2021 年。2021 年 8 月 9 日，随着政府间气候变化专门委员会（IPCC）第六次气候变化评估报告的发布，全球将全面进入碳中和时代。

二、国际公益力量助力全球应对气候变化行动

国际上，谈到公益力量，一般是指非政府组织（NGO）。NGO 作为联合国气候变化大会的观察员组织，一直在气候变化领域贡献着积极力量。其中，有针对气候变化专门议题开展研究和行动的 NGO，涉及议题有能源、交通、碳市场、低碳城市、性别与气候变化等；也有专门的资助型NGO，为研究气候变化议题的 NGO 提供资金支持；还有发挥统筹协调、推动联合行动的 NGO 联盟，包括全球性、地区性和国家级的 NGO 联盟。您也许会好奇这些 NGO 及 NGO 联盟是如何开展工作和发挥作用的，下面举几个有代表性的 NGO 来进行说明。

（一）C40 城市气候领导联盟

C40 城市气候领导联盟（C40 Cities Climate Leadership Group，以下简称"C40"）是一个由近 100 座全球领先城市组成的国际城市联合组织，其致力于推动全球城市减少温室气体排放，降低气候变化风险，同时提升城市居民的健康和福祉，增加经济机会。

在全球，C40 组建了 17 个技术工作组，以研究减缓、适应气候变化和低碳发展等城市应对气候变化的重要议题，并通过组织互动与交流合作，携手城市共同采取雄心勃勃的气候行动，引领城市可持续发展。

在中国，有 13 座城市加入了 C40，包括北京、上海、香港、武汉、深圳、广州、南京、成都、大连、青岛、福州、镇江和杭州。C40 于 2017 年在北京设立代表处，协助中国城市探索高质量碳达峰、达峰后绿色低碳发展及碳中和路径；引导城市在交通、建筑等气候行动关键领域的加速进

展；通过识别清洁建造、零碳社区等前沿议题与合作方向，为城市碳中和提供新思路；并通过积极搭建国际交流平台，举办"中欧绿色与包容复苏市长级对话会""中国气候变化事务特使与C40全球市长对话会"等多双边城市交流活动，为国内外城市加深理解、提高互信、凝聚气候共识、加强应对气候变化的务实合作提供独特契机。

在《城市与气候变化》一书中，作者巴尔克利指出，气候变化并不仅仅是当今世界面临的最重要的全球性挑战之一，也是全球每个城市面临的关键问题。城市安置了现今世界一半以上的人口，是温室气体的重要排放来源，极易受到气候变化的影响，是应对气候变化的关键场所。随着不断增长的城市人口和能源需求，城市被认为既是气候变化的受害者也是罪魁祸首。与这种悲观观点相反，不断涌现出来的观点认为，城市可以是气候变化问题解决力量的一部分。

如下表所示为气候变化对城市地区、健康和家庭、儿童带来的潜在风险。①

气候变化的潜在风险

气候影响	城市地区的风险	健康和家庭的风险	儿童的风险
暖流和热浪	• 城市热岛效应加剧； • 弱势人群集中； • 空气污染恶化	• 热性疾病的发病率和死亡率增加； • 更多的病媒传播疾病； • 影响做繁重体力劳动的人； • 呼吸道疾病增加； • 食物短缺	• 受热应激影响的风险最高； • 高度易患呼吸道疾病和病媒传播疾病； • 长期营养不良的风险最高

---

① Sheridan Bartlett, *Climate change and urban children: impacts and implications for adaptation in low- and middle- income countries*，转引自哈莉特·巴尔克利《城市与气候变化》，陈卫卫译，商务印书馆，2020年。

续表

气候影响	城市地区的风险	健康和家庭的风险	儿童的风险
强降雨事件/强热带气旋	• 洪水和山体滑坡的风险增加； • 生计中断和企业停产； • 房屋、财产、基础设施损坏； • 无家可归和社会混乱	• 死亡和损伤； • 媒介传播疾病和水传疾病增加； • 流动性及相关生计活动减少； • 无家可归； • 心理健康风险，尤其是来自安置点和临时住所的人	• 风险较高的死亡和损伤； • 更易遭受疾病； • 急性营养不良； • 游戏和社交互动选择减少； • 因为家庭收入下降离开学校/去工作的可能性上升； • 被忽视、辱骂和虐待的风险最高
干旱	• 水资源短缺； • 贫困人口向城市地区迁移； • 水电限制； • 农村商品/服务的需求降低； • 食品价格上涨	• 食物和水短缺严重； • 营养不良和食物/水传疾病风险增加； • 心理健康问题风险增加	• 供水不足和营养不良的风险最高； • 离开学校、由于家庭收入损失而工作的可能性上升
海平面上升	• 企业和财产损失； • 旅游业受损； • 水位上升对建筑物造成破坏	• 沿海洪水增加死亡和受伤的风险； • 丧失生计； • 日益盐碱化导致的健康问题	• 儿童死亡和伤害风险最高； • 盐碱化、疾病的长期影响导致的健康风险最高

希望 C40 的工作可以为推动城市应对气候变化风险与挑战提供更广泛的思路和经验借鉴。

（二）国际气候行动网络

国际气候行动网络（Climate Action Network，CAN）是全球气候变化领域最大的非政府组织网络，超过 1500 家非政府组织通过 CAN 这个平台开展交流合作，共同应对气候危机。自 20 世纪 80 年代成立以来，CAN 已经发展成为一个强大的、由成员驱动的网络，其会员遍布六大洲 130 多个国家。凭借其会员的多样性和指导气候行动的长期经验，CAN 持续寻求与整个气候行动及其他方面的伙伴和利益相关者保持一致的方案并建立桥梁，以推动各国政府采取大胆和紧急的气候行动，结束化石燃料时代，并解决受气候危机影响的最脆弱人群的需求。

CAN 的 2021 年战略集中在 5 个关键领域，并通过 18 个技术工作组和其他一些合作平台协调工作的实施。

1. 以人为本理解气候变化的影响

以人为本理解气候变化的影响意味着理解气候变化如何影响人们的日常生活、生计、文化、土地以及他们与自然界的关系。通过把重点放在人们要求改变的机构上，CAN 努力建立一个政治战略，通过各种方式确保公平和正义，如倡导为气候损失和损害提供资金，要求取消最贫穷国家的债务……并迫使发达国家履行其在《巴黎协定》下对发展中国家的资助和支持义务。

2. 终止化石燃料的使用

CAN 致力于阻止公共资金流向化石燃料项目，并要求政府负责确保新冠肺炎疫情下的经济恢复计划是公正和公平的，即投资于人民的福利而不是排污企业的利益。CAN 支持从化石燃料的公正过渡，利用现有的基层抵抗行动来阻止化石燃料的生产和扩张，支持反对化石燃料项目的诉讼努力，并防止化石燃料游说者和既得利益者出现在多边气候论坛上。

3. 呼吁变革性的国家气候行动计划

CAN 的战略旨在建立、维持和更新对政府的压力，特别是对世界上最大的排放国和最富裕的国家。这些国家必须以身作则，提供变革性的气候行动计划，采取全社会性的方法，将温升控制在 1.5℃以下。CAN 呼吁充满朝气的、公平的、革命性的和以人为本的国家气候行动计划，这意味着这些计划必须具有包容性、代表性和透明度。国家气候行动计划的制订必须从一开始就有民间社会的充分和有意义的参与，还必须促进整个经济的广泛公正转型。

4. 支持民间运动

CAN 的战略的一大特点是跨区域，通过增强基层运动和地方社区的力量，为建设一个更美好的世界而奋斗。通过加强地区和国家节点，确保所有的全球宣传和战略都是自下而上的。CAN 积极与气候领域内外的其他民间运动和利益相关者结盟，如工会、正义团体、青年组织、妇女和性别支持者、信仰团体等。

5. 推动多边进程和宣传

CAN 在指导气候政策宣传和各种多边论坛的沟通方面有着长期和成功的经验，是《联合国气候变化框架公约》中环境非政府组织（ENGO）的联合牵头机构。CAN 还在政府间气候变化专门委员会、绿色气候基金、7 国集团和 20 国集团、世界银行和国际货币基金组织会议以及其他一些外交场合中，作为民间组织观察员协调宣传和沟通。

CAN 会员中心是一个内部平台，世界各地的所有 CAN 会员都可以通过 CAN 国际秘书处相互联系、分享想法，查看网络公告和即将开展的活动，并在工作中进行协作，以在气候紧急情况下形成合力，采取行动。CAN 的中国会员包括中国民促会、自然之友、青年应对气候变化行动网络、环友科技、北京地球村、环境与发展研究所、山水自然保护中心等。

"化石奖"评选是 CAN 坚持了 10 多年的一项活动，即在联合国气候变化大会期间每天评选出当天在谈判中表现最差的国家授予此"奖"。加拿大、美国和日本等企图阻挠谈判进程的国家都曾榜上有名，而这些国家的代表也被迫到场领"奖"。因为奖项设置与谈判进程直接相关，又具有趣味性和影响力，国际媒体对这项活动非常关注，通过报道获奖结果，给获奖国家施加舆论压力。

随着中国成为全球第一大碳排放国，中国应该承担减排责任一直是后续谈判中发达国家推卸历史责任时习惯找的借口。在 2011 年的联合国德班气候谈判期间，CAN 提名中国和印度为化石奖候选国家，这是因为 CAN 中有代表提出，虽然中国和印度属于发展中国家，但考虑到两个国家的经济实力和国际影响力，如果这两个国家可以在减排上做出更多承诺，将对谈判进程有直接的推动。按照投票规定，如果被提名国家的非政府组织一致反对，就要重新提名。绿色和平、世界自然基金会、乐施会等在场的国际非政府组织迅速与参与谈判的中国非政府组织代表磋商，分析谈判局势，梳理回应理由。表决发言阶段，中国非政府组织代表全体反对这次提名，与此同时，印度非政府组织也投了反对票，避免了对国际舆论的误导。

2020 年，受新冠肺炎疫情影响，联合国气候变化大会史上第一次延期一年举办。2020 年恰逢《巴黎协定》生效五周年，CAN 借此机会推出了巴黎协定五周年化石奖评选活动。通过公平和民主的投票程序，美国获得了总冠军——五年巨石奖。美国还因为未提供资金支持获得了第二个化石奖。澳大利亚因为不认可 1.5℃承诺赢得了化石奖。巴西因为没有保护人们免受气候影响、没有倾听民众的声音、城市空间缩小，赢得了两个化石奖。①

CAN 表现出来的强大协调和动员力量，以及在气候变化议题上的专业度，值得我们学习和借鉴。

（三）英国儿童投资基金会

英国儿童投资基金会（The Children's Investment Fund Foundation，CIFF）成立于 2002 年，是全球最大的以提升儿童福祉为宗旨的慈善基金会，在伦敦、北京、亚的斯亚贝巴、内罗毕和新德里等地设有办公室。CIFF 在全球有多个合作伙伴，主要工作领域包括应对气候变化，促进母婴

---

① Climate Action Network, "2020 Fossil of the 5-Years | Special Paris Agreement 5-Year Anniversary Edition," 2020.

和儿童健康与营养、青少年性健康、女童教育、儿童保护等。

气候变化是儿童和青少年未来面临的最大威胁之一。CIFF 的愿景是构建一个气候友好型的未来，并推动空气质量改善、能源安全提升和可持续就业。CIFF 支持全球向零碳社会加速转型，为应对气候变化核心挑战提供战略解决方案，推动应对气候变化的创新举措迭出，提振气候雄心。

CIFF 在中国的工作专注于应对气候变化，自 2012 年以来为中国的低碳转型和气候行动提供了大量资助，并于 2019 年正式在北京设立办公室。CIFF 在中国的项目涉及能源转型、产业与经济转型、可持续城市与低碳交通建设、空气质量改善、碳市场与绿色金融支持、气候与环境治理、"一带一路"绿色发展、低碳与气候策略传播等多个领域。

秉持"赋能本土"的核心理念，CIFF 与多家国际机构和中方伙伴开展了密切合作，在国家、省市等多个层面提供高效的气候解决方案。例如，CIFF 与合作伙伴协助相关部门开展了碳排放权交易的研究、培训与试点，为中国碳市场的启动和建设发展提供了支持，并通过加强中外政府与行业层面碳市场经验的沟通、交流与宣传，分享国际先进经验，加深国际社会对中国碳市场的理解和认识。再如，CIFF 与合作伙伴一起协助中国在区域层面开展低碳发展和碳达峰路径研究，在实现空气质量达标和碳排放达峰协同"双达"、推进地方低碳转型先行先试等方面提供技术支持，并分享城市低碳转型国际经验，为区域高质量和可持续发展提供借鉴。

未来，CIFF 将继续通过支持合作伙伴在中国开展政策研究、推进试点示范、加强能力建设、促进国际合作与经验分享等方式，充分发挥项目资助者、领域培育者和战略咨询者的作用，助力中国应对气候变化和环境的多重挑战。

第二节　中国气候目标下的绿色公益

一、中国"双碳"目标及相关政策措施

实现碳达峰、碳中和是我国统筹国际国内两个大局做出的重要战略选择，也是我国生态文明建设和实现可持续发展的重要内容。2020年9月，习近平主席在第七十五届联合国大会一般性辩论上宣布，"中国将提高国家自主贡献力度，采取更有力的政策和措施，二氧化碳排放力争于2030年前达到峰值，努力争取2060年前实现碳中和"，为中国实现国家自主贡献（NDC）承诺，在全球应对气候变化行动中发挥引领作用提出了时间表和路线图。2020年10月，党的十九届五中全会将"碳排放达峰后稳中有降"纳入2035年远景目标。2020年12月，中央经济工作会议将做好碳达峰、碳中和工作列为2021年的八大重点任务之一。国家正积极部署相关工作，目前，生态环境部已下发《关于印发〈省级二氧化碳排放达峰行动方案编制指南〉的通知》（环办气候函〔2021〕85号），要求各省（区、市）报送数据并编制碳达峰行动方案。

实现碳达峰、碳中和（简称"'双碳'目标"）是一场广泛而深刻的经济社会系统性变革，需要从经济、社会、环境、科技、金融、管理等维度进行全方位的考量和推动。在"双碳"目标的指导下，国家正制定双碳"1+N"政策体系，从十个领域采取加速转型和创新的政策措施及行动，即优化能源结构，控制和减少煤炭等化石能源使用；推动产业和工业优化升级；推进节能低碳建筑和低碳设施的建设；构建绿色低碳的交通运输体系；发展循环经济，提高资源利用效率；推动绿色低碳技术创新；发展

绿色金融；出台配套的经济政策和改革措施；建立完善碳市场和碳定价机制；实施基于自然的解决方案。截至2021年6月，已有31个省市陆续出台省市级的"双碳"目标政策规划，并推动规划的细化和落地。部分省市已将碳达峰、碳中和纳入其"十四五"规划和2035年远景目标中，作为中长期发展的重要规划和任务。

"十四五"是碳达峰的关键期和窗口期，推动碳达峰、碳中和是实现我国可持续发展目标的重要内容。我国各省市/区域经济社会发展不平衡、资源禀赋差别较大，需因地制宜推进差别化和包容式的碳达峰与碳中和行动，兼顾不同地方、不同行业的差异性，统筹区域间协调发展，重点促进能源生产和消费体系的绿色转型，建设清洁低碳、安全高效的能源体系。同时也要注重节能减排，调整一次性能源结构，以及钢铁、交通、建筑领域产业结构，改造工业流程，实现再电气化。实现"双碳"目标还要推动温室气体移除和吸收，据国际能源署估计，碳捕捉利用与封存技术（CCUS）所吸收的二氧化碳在2060年将占碳汇总量的17%左右，到2070年将超过20%。据预测，实现碳达峰、碳中和需投资130多万亿元，是一个巨大的技术市场和经济市场。

目前，我国已经陆续出台了多项碳达峰、碳中和相关政策，紧抓顶层设计和具体落实措施，包括生态环境部、能源部、工业和信息化部、中国人民银行等多部委均为实现碳达峰、碳中和目标加紧制定行动方案。生态环境部印发的《关于统筹和加强应对气候变化与生态环境保护相关工作的指导意见》提出，要鼓励推动能源、工业、交通、建筑等重点领域以及钢铁、建材、有色、化工、石化、电力、煤炭等重点行业制定相关目标及行动方案。毫无疑问，随着碳达峰、碳中和工作的开启和推进，还有更多政策正在路上，这些政策的制定、完善和实施需要政府、金融机构、企业、社会组织和公众共同的行动及努力。

围绕碳达峰、碳中和，从中央、部委到地方政府三个层面都在制定相关政策并采取相应行动。

（一）中央层面

自习近平主席在第七十五届联合国大会一般性辩论上向国际社会宣布碳达峰、碳中和目标以来，习近平主席在各种会议发言当中多次提到"双碳"目标。

2020年10月29日，党的十九届五中全会通过的《中共中央关于制定国民经济和社会发展第十四个五年规划和二〇三五年远景目标的建议》提出，到2035年，广泛形成绿色生产生活方式，碳排放达峰后稳中有降，生态环境根本好转，美丽中国建设目标基本实现。"十四五"期间，加快推动绿色低碳发展，降低碳排放强度，支持有条件的地方率先达到碳排放峰值，制定2030年前碳排放达峰行动方案；推进碳排放权市场化交易；加强全球气候变暖对我国承受力脆弱地区影响的观测等。

2020年12月16日至18日，中央经济工作会议举行。会议将做好碳达峰、碳中和工作列为2021年八大重点任务之一，提出要抓紧制定2030年前碳排放达峰行动方案，支持有条件的地方率先达峰；要加快调整优化产业结构、能源结构，推动煤炭消费尽早达峰，大力发展新能源，加快建设全国用能权、碳排放权交易市场，完善能源消费双控制度；要继续打好污染防治攻坚战，实现减污降碳协同效应；要开展大规模国土绿化行动，提升生态系统碳汇能力。

此外，2020年10月21日，国家发展改革委、生态环境部、中国人民银行、银保监会、证监会联合发布《关于促进应对气候变化投融资的指导意见》，提出"到2022年，营造有利于气候投融资发展的政策环境，气候投融资相关标准建设有序推进，气候投融资地方试点启动并初见成效，气候投融资专业研究机构不断壮大，对外合作务实深入，资金、人才、技术等各类要素资源向气候投融资领域初步聚集；到 2025 年，促进应对气候变化政策与投资、金融、产业、能源和环境等各领域政策协同高效推进，气候投融资政策和标准体系逐步完善，基本形成气候投融资地方试点、综合示范、项目开发、机构响应、广泛参与的系统布局，引领构建具有国际影响力的气候投融资合作平台，投入应对气候变化领域的资金规模明显增加"的目标，并确定了气候投融资的定义和支持范围，以及加快构建气候投融资政策体系等主要工作内容。

（二）部委层面

1. 生态环境部

2020—2021 年，生态环境部出台了一系列关于全国碳排放权交易的管理政策。

2020 年 12 月 30 日，《关于印发〈2019—2020 年全国碳排放权交易配额总量设定与分配实施方案（发电行业）〉〈纳入 2019—2020 年全国碳排放权交易配额管理的重点排放单位名单〉并做好发电行业配额预分配工作的通知》发布。

2021 年 1 月 5 日，《碳排放权交易管理办法（试行）》发布，该办法于 2021 年 2 月 1 日起开始实施，进一步加强了对温室气体排放的控制和管理，为新形势下加快推进全国碳市场建设提供了更加有力的法制保障。

2021 年 3 月 30 日，《关于公开征求〈碳排放权交易管理暂行条例（草案修改稿）〉意见的通知》发布，公开征集利益相关方意见和建议。

2021 年 5 月 17 日，《关于发布〈碳排放权登记管理规则（试行）〉〈碳排放权交易管理规则（试行）〉和〈碳排放权结算管理规则（试行）〉的公告》发布，完善多项碳排放权交易配套措施。

在应对气候变化和保护生态环境等方面，出台的政策措施有：

2021 年 1 月 11 日，《关于统筹和加强应对气候变化与生态环境保护相关工作的指导意见》发布，为落实"双碳"目标补齐认知水平、政策工具、手段措施、基础能力等方面短板，促进应对气候变化与环境治理、生态保护修复等协同增效提出指导和方案。

2021年1月21日，生态环境部在北京召开2021年全国生态环境保护工作会议，确立实施碳达峰方案为2021年重点任务。会议指出，2021年是我国现代化建设进程中具有特殊重要性的一年，编制实施2030年前碳排放达峰行动方案是2021年要抓好的八大重点任务之一；加快建立支撑实现国家自主贡献的项目库，加快推进全国碳排放权交易市场建设，深化低碳省市试点，强化地方应对气候变化能力建设，研究编制《国家适应气候变化战略2035》；推动《联合国气候变化框架公约》第二十六次缔约方大会取得积极成果，扎实推进气候变化南南合作。

2021年5月31日，《关于加强高耗能、高排放建设项目生态环境源头防控的指导意见》发布，为遏制高耗能、高排放项目盲目发展，推动绿色转型和高质量发展提出指导方针。

2. 国家发展改革委

国家发展改革委在部署2021年发展改革工作任务时表示，将持续深化国家生态文明试验区建设，部署开展碳达峰、碳中和相关工作，完善能源消费双控制度，持续推进塑料污染全链条治理。2021年1月19日，国家发展改革委举行1月份新闻发布会，国家发展改革委政研室主任袁达表示国家发展改革委将坚决贯彻落实党中央、国务院决策部署，抓紧研究出台相关政策措施，积极推动经济绿色低碳转型和可持续发展；大力调整能源结构；加快推动产业结构转型；着力提升能源利用效率；加速低碳技术研发推广；健全低碳发展体制机制；努力增加生态碳汇。

3. 财政部

2020年12月31日，全国财政工作会议也对应对气候变化相关工作做出了部署：坚持资金投入同污染防治攻坚任务相匹配，大力推动绿色发展。推动重点行业结构调整，支持优化能源结构，增加可再生、清洁能源供给。研究碳减排相关税收问题。加强污染防治，巩固北方地区冬季清洁取暖试点成果。支持重点流域水污染防治，推动长江、黄河全流域建立横向生态补偿机制。推进重点生态保护修复，积极支持应对气候变化，推动生态环境明显改善。

4. 工业和信息化部

2020年12月31日，工业和信息化部发布《关于推动钢铁工业高质量发展的指导意见（征求意见稿）》，提出进一步深化混合所有制改革，提高产业集中度，进而推进产业结构和布局合理化。

2021年1月26日，工业和信息化部在国务院新闻办召开的新闻发布会上表示，钢铁压减产量是落实习近平总书记提出的我国碳达峰、碳中和目标任务的重要举措。工业和信息化部正与国家发展改革委等相关部门研究制定新的产能置换办法和项目备案的指导意见。逐步建立以碳排放、污染物排放、能耗总量为依据的存量约束机制，实施工业低碳行动和绿色制造工程。

5. 国家能源局

2020年12月21日，《新时代的中国能源发展》白皮书发布。国家发展改革委党组成员、国家能源局局长章建华在发布会上表示，未来要加大煤炭的清洁化开发利用，大力提升油气勘探开发力度，加快天然气产供储销体系建设，加快风能、太阳能、生物质能等非化石能源开发利用，还要以新一代信息基础设施建设为契机，推动能源数字化和智能化发展。

6. 中国人民银行

2021年1月4日，中国人民银行工作会议部署2021年十大重点工作，明确"落实碳达峰、碳中和"是仅次于货币、信贷政策的第三大工作。要求做好政策设计和规划,引导金融资源向绿色发展领域倾斜,增强金融体系管理气候变化相关风险的能力,推动建设碳排放交易市场为排碳合理定价。逐步健全绿色金融标准体系,明确金融机构监管和信息披露要求,建立政策激励约束体系,完善绿色金融产品和市场体系,持续推进绿色金融国际合作。

2021年5月27日,中国人民银行正式发布《银行业金融机构绿色金融评价方案》,为银行业绿色金融业务提出定量和定性评价指标,以鼓励银行业金融机构拓展绿色金融业务,加强对高质量发展和绿色低碳发展的金融支持。

(三)地方政府

从省市/区域层面来看,北京、天津、山西、山东、海南、重庆等31个省市已在其政府工作报告、"十四五"规划和2035年远景目标中提出了明确的碳排放达峰目标及相关举措。国家已开展了3批共计87个低碳省市试点,共有82个试点省市研究提出达峰目标,其中提出在2025年前达峰的有42个。此外,国家也在积极推动绿色金融试点、海绵城市和智慧城市试点等与"双碳"目标紧密相关的地方试点工作,鼓励探索创新且可推广的方案和工具。

二、中国公益力量参与应对气候变化

谈到公益力量,一般指非政府组织(NGO),民政部称之为社会组织。我们先来看看中国社会组织的基础数据。2021年6月18日,民政部举行"'十四五'民政事业发展规划"专题新闻发布会。民政部社会组织管理局副局长陈小勇介绍,截至2021年5月底,全国社会组织数量已超过90万个,其中全国性社会组织2289个,已基本遍布所有行业和各个领域。与此同时,我国社会组织发展正进入从"数量增长"向"质量提升"迈进阶段。从数据上看，中国公益力量参与应对气候变化是有一定基础的。

NGO作为独立的第三方，在政府、企业、媒体和公众等不同利益相关方之间架起沟通的桥梁，促进各方凝聚共识，采取行动。致力于推动应对气候变化的NGO类型也是很多元的，既有以政策研究和国际交流见长的智库型NGO，也有立足当地扎实开展地方气候行动的基层NGO；既有深耕气候变化领域多年经验丰富的国际机构，也有刚涉足气候变化领域的新生力量；另外，还有推动气候变化能力建设和联合行动的NGO网络。上述NGO既有分工又有合作，他们通过开展气候变化政策研究，为政府和企业提供决策依据；通过跟进联合国气候变化谈判，推动缔约方做出更有力度的承诺；通过开展气候信息传播，提升公众对气候变化的认知，引导公众践行低碳生活方式；通过组织国际交流活动和参加相关国际会议，传递民间声音，推动气候变化民间外交。

谈到中国应对气候变化的公益力量，不得不提中国民间气候变化行动网络（CCAN）。追溯到2007年，一群来自民间组织、环境媒体和学术机构的代表齐聚北京香山卧佛山庄，共同讨论民间组织如何形成网络联合的力量来应对气候变化。香山卧佛山庄会议的讨论促成了CCAN的成立。截至2020年，CCAN已经拥有了39家网络成员，面对全球气候变化相关议题，与时代共同进步，直面挑战，推动改善。CCAN的目标是：加强民间组织在气候变化领域的科学、政策及公众工作的知识和能力；参与国际民间组织对气候变化相关问题的讨论；加深对政策的理解和对决策的参与；提高民间组织协同合作的能力。

自成立以来，CCAN持续保持国际活跃度，14年来共派出22家社会组织的104人次参加联合国气候变化大会，通过举办中国角非政府组织专场边会，组织中欧、中非等双边交流，以及向《联合国气候变化框架公约》（UNFCCC）秘书处递交 CCAN 致联合国气候变化大会立场书，将中国环保社会组织应对气候变化的经验传播到国际社会。此外，CCAN 成员自 2011 年开始参与东亚气候论坛，中日韩三方的民间组织代表从相互认识、学习交流到政策倡导，不断深入。2016 年第五届东亚气候论坛上，中日韩三方代表共同提出了"气候变化教育"和"跨越煤炭"两个联合行动。2018 年，中日韩三国研究机构合作编写了《中日韩三国之煤电：现状和迈向更清洁能源系统之路》报告[①]，并在联合国卡托维兹气候变化大会（COP24）期间举办了新闻发布会进行发布。配合联合国卡托维兹气候变化大会促进性对话，CCAN 编辑整理了 12 个中国民间参与应对气候变化的案例，作为来自中国民间的促进性对话提案，提交给 UNFCCC 秘书处。同时，由 CCAN 组织的中欧民间组织互换项目在 2013—2019 年 7 年间，通过人员互换推动中国和欧洲的民间组织建立合作伙伴关系，共有来自超过 20 个欧洲国家和 18 个中国城市的 180 多位中欧 NGO 工作人员通过为期 4~8 周的工作交流增进了理解，促进了合作。2019—2020 年，CCAN 启动中国气候变化传播故事项目，由 CCAN 成员提供故事线索，邀请专业撰稿人通过对部分受到气候变化影响地区（如大理、腾冲、玉树、成都等）的实地调研，完成"青海玉树牧民与雪豹的故事""云南大理农民的农业新思路""成都垃圾处理气候变化缓减之路""互联网的低碳实践""西南边境自然保护战"等故事的编写、设计和出版，讲述了中国不同地区在适应及减缓气候变化方面所做出的努力。中国社会组织走出去是一个融入国际社会的过程，需要了解和学习国际规则和话语体系，通过与国际社会的互动，讲好中国故事，提升自身能力，促进自我发展。

国内方面，2011 年，CCAN 通过组建研究小组，开展气候立法地区

---

① 报告英文名称为 *Coal Power Sector in China, Japan and South Korea: Current Status and the Way Forward for a Cleaner Energy System*。

调研，提交气候立法建议并与国家发展改革委应对气候变化司相关负责人就立法建议进行交流，得到国家发展改革委应对气候变化司的积极反馈。2014 年，CCAN 开始支持网络成员开展低碳日活动，活动主题涉及垃圾分类、废物回收、高校节能、低碳乡村等。2015 年，CCAN 研究小组编写了《气候变化领域 NGO 工作策略研究报告》，通过梳理不同国家和地区的气候变化领域 NGO 的工作策略，来为加强中国 NGO 参与气候变化事务的能力提供参考。2012 年，CCAN 秘书处中国民促会启动"中国气候变化教育项目"，在过去的 9 年间，该项目通过教材开发、教师培训、气候变化教育沙龙、气候变化教育竞赛、国际交流等活动来推动气候变化教育进课堂。该项目以推动中小学课程纳入气候变化内容为主要目标，推动教师和学生日常行为的改变，并带动家庭和社区共同参与应对气候变化。在当前的教育大环境下，气候变化教育面临着如学校支持力度不够和疏于重视等问题。但很多社会组织和教师身体力行，带动了气候变化教育进课堂，研究出更好的教育方式方法。

CCAN 成员也在各自专注的领域，通过不同方式在参与应对气候变化过程中发挥着重要作用。下面通过列举两个成员的实践案例和大家进行交流。

（一）自然之友

自然之友是 CCAN 的创始成员，成立于 1993 年，是中国成立最早的环保社会组织之一，目前，全国志愿者数量累计超过 30000 人，月度捐赠人超过 4000 人。一直以来，自然之友通过环境教育、生态社区、公众参与、法律行动以及政策倡导等方式，运用一系列创新工作手法和动员方法，重建人与自然的连接，守护珍贵的生态环境，推动越来越多绿色公民的出现与成长。自然之友在气候变化领域所开展的行动包括环境公益诉讼、低碳消费、碳中和活动和低碳家庭实验室项目。在这里，重点向大家介绍低碳家庭实验室项目。该项目通过家庭、社区层面的节能减排实践，总结出可推广的低碳家庭样本，形成低碳家庭能效标准，探索通往低碳宜居城市的路径和公民应对气候变化的方案。低碳家庭实验室在经历了对低碳生活长达 6 年的探索后，积累了近 70 户改造案例的丰富经验。

为更好地将其向公众进行传播，让更多人了解和体验低碳生活，2017 年，自然之友低碳展馆启动营造之旅，希望通过参与式营造等创新手法，研发完整有趣的公众参与系列环保活动，引导更多普通公众关注低碳议题，同时不断激发参与者的自组织能力与创造力。

营造之初，经过多方讨论，低碳展馆实体建筑方案被确定为从"知道—了解—接受—行动"4 个层面出发，从硬件、软件等不同的角度设计活动，以吸引广大公众参与其中，使其切身感受并思考低碳生活议题。推进低碳展馆项目实施的过程中，自然之友始终保持鼓励公众参与的初衷，从跟着协作者和设计师调研展馆场地，提出问题和建议，小组合作完成设计方案，到"拆拆拆""贴贴贴""刷刷刷"，了解展馆的原始模样，并赋予它新的生机，再到清理小花园、升级雨水回收系统、自制堆肥箱、改造手作步道、建造昆虫屋、设计标识系统等，营造低碳展馆的每一次工作中，都留下了志愿者们勤劳的身影和享受的笑容。经过漫长的努力，汇聚了诸多设计师、参与者智慧的低碳展馆于 2018 年 7 月正式竣工。展馆充分发挥了实地空间的优势，融合了低碳家庭三期成果，以及保温隔热、节水节电、垃圾分类回收、空气净化等诸多自然之友的实践经验，以期探索在未来延展更多的可能性。这所家庭式低碳科技馆，将常年向公众免费开放，成为环保志愿者交流绿色设计思想的场所。

（二）绿色江河

提到绿色江河，了解这个机构的人都会想到它的发起人杨欣老师，他的形象极具艺术范，长头发和大胡子是他的标志。他通过义卖图书筹款，在海拔 4500 米的可可西里无人区建立了中国第一座民间自然保护站——索南达杰自然保护站。十多年中，杨欣和志愿者们忍受着恶劣的自然环境以及资金短缺等种种困难，甚至不顾生命安危进行着藏羚羊的保护活动，在他们和各级政府的共同努力下，如今可可西里再也没有发现一起盗猎活动，而藏羚羊数量也从 2 万多只增长为 6 万多只。

绿色江河以推动和组织江河上游地区自然生态环境保护活动，促进中国民间自然生态环境保护工作的开展，提高全社会的环保意识与环境道德，争取实现该流域社会经济的可持续发展为宗旨。其主要任务是：在长江上游地区建立自然生态环境保护站；组织科学工作者、新闻工作者、国内外环保团体及环保志愿者等对长江上游地区进行系列生态环境的科学考察，提出切实可行的建议，并促进其实施；出版宣传生态环境保护的文字、美术及音像作品等；开展群众性环境保护活动和国际间生态环境保护的学术交流。

2012 年，绿色江河在长江正源沱沱河畔建立中国第二座民间自然保护站——长江源水生态环境保护站，发起"带走一袋垃圾，呵护长江水源"项目。在长江源水生态环境保护站，牧居民可以用垃圾换取生活用品，而回收的垃圾会被分类打包。志愿者们还会动员在保护站参观的自驾车游客带走一袋垃圾至格尔木指定地点进行回收，有效减少水源地垃圾污染并提高资源回收利用率。为感谢带走垃圾的自驾车游客，绿色江河在其车身上张贴"带走一袋垃圾，呵护长江水源"的车贴，进行项目宣传，鼓励更多的人加入此项活动。通过"垃圾换食品"和"带走一袋垃圾"活动，绿色江河建立起"分散收集、长途运输、集中处置""政府主导、民间动员社会力量参与、社会企业补充"模式的高原垃圾回收处置的管理体系，减少垃圾对长江源水环境的威胁，改善长江水源地环境状况。

第二章
Chapter 2

绿色公益与公众生活

第一节 碳中和里的"人人力量"

在 2020 年第七十五届联合国大会一般性辩论上,习近平主席宣布,中国将提高国家自主贡献力度,采取更加有力的政策和措施,二氧化碳排放力争于 2030 年前达到峰值,努力争取 2060 年前实现碳中和。"碳中和""碳达峰"等词汇迅速走上关注度的高峰,成为公众讨论的焦点。对于大众来说,"碳达峰"和"碳中和"跟每个人的关系是怎样的呢?

碳达峰是指全球、国家、城市、企业等主体的碳排放在由升转降的过程中,碳排放量达到最高点。碳中和是指人为的排放与通过植树造林、碳捕集与封存技术等实现的人为吸收达到平衡。

工业革命以来,人类对化石能源的大量使用,大规模的制造业、房屋基建等行为排放的温室气体造成大气中温室气体浓度增加,引起以变暖为主要特征的全球气候变化。气候变化严重威胁水资源安全、粮食安全、人体健康、沿海地区安全及自然生态系统稳定,导致大自然循环失衡。

自 20 世纪 80 年代起,气候变化引起的环境问题逐渐引起世界各国的重视,国际社会一直在寻找公平合理地控制温室气体排放、解决气候变化问题的途径。1988 年,世界气象组织和联合国环境规划署联合建立政府间气候变化专门委员会(IPCC),就气候变化的科学认识、影响和对策措施进行评估。目前,IPCC 共发布了六次评估报告,从科学上为全球开展气候治理奠定了基础。

1992 年,联合国环境与发展大会开放签署的《联合国气候变化框架公约》,是国际社会在应对气候变化问题上进行合作的基本框架。联合国气候变化大会于 1995 年首次召开,是各国谈判代表就《联合国气候变化框架公约》及其项下各协定和内容进行磋商、谈判的渠道。1995—2015 年，大会通过了《京都议定书》《坎昆协议》《巴黎协定》等协议，其中 2015 年联合国 195 个成员国参加了巴黎气候变化大会，通过了《巴黎协定》，确定了截至 21 世纪末，将全球升温幅度（较前工业化时期）控制在 2℃ 以内，并努力实现不超过 1.5℃ 的目标。

作为当今人类面临的全球性挑战，一直以来我国都高度重视应对气候变化，"十三五"规划中就提出了低碳水平上升、控制碳排放总量的目标；"十四五"组织编制应对气候变化的专项规划，研究制定详细的碳达峰行动方案，加快碳市场的建设。我国作为世界碳排放量最大的国家，提出 2030 年实现碳达峰、2060 年实现碳中和，是一个非常了不起且难度巨大的承诺，在挑战之下，需要集结全社会的力量开展适应性行动，提升应对气候变化、加强气候治理的行动力。

对于大众来说，气候变化不是新话题，要问起来气候变化是什么，每个人可以说一些关键词：海平面上升、极端天气、温室气体排放、清洁能源、节能减排……但很多时候，人们很容易觉得这是个宏观议题，经常出现在眼前的图景是，找不到食物的北极熊、融化断裂的冰川，感觉距离自己的生活非常遥远，总觉得这是政府治理的事情，跟个人没有关系。但近几年频繁出现的极端天气、影响到健康的空气污染，等等，让人们直观感受到气候变化带来的危害，公众对气候变化问题的态度也逐步发生了变化。

据 2015 年皮尤研究中心发布的调研数据，中国公众有 18% 认为气候变化是严重问题。2017 年中国气候传播项目中心发布了《中国公众气候变化与气候传播认知状况调研报告》，从数据中可以看到国内公众对气候变化政策的认知度和应对气候变化行动力的积极转变：对于政府采取的一系列减缓气候变化的相关政策措施，九成受访者持支持态度；98.7% 的受访者认为学校应该教育孩子们学习气候变化的成因、影响和解决方案；27.5%的受访者表示在应对气候变化行动方面愿意为碳排放付费。

社会组织和公益机构在公众气候变化意识普及和行动支持中成为政府和公众之间的纽带，开始起到越发重要的作用。清华大学的抽样调查显示，目前在民政部门注册的核心环保公益机构超过3000家，在推动环境政策的出台和执行、第三方参与环境政策的评估与咨询、完善公众参与机制、提高公众环保意识、促进公众环境保护行动等方面成为有力的补充。

达到碳中和的目标需要全社会的力量，公众做到知行合一也是一个逐步学习成长的过程：知道—了解—认同—行动。如果我们按照高碳的生活方式，不去理会气候变化带来的影响，会发生什么状况呢？

到21世纪末，全球的平均温度将升高4℃（相比工业化之前），累积多年的冰川会消融，海平面上升会淹没很多城市甚至国家；极端天气和灾害将更加频繁地出现，洪水、干旱、热浪、山火……生物物种的繁衍规律发生错乱；各种疾病大肆蔓延，粮食的产量和人类的健康都会出现不良的状况……

在《我们选择的未来》一书中，作者描述了两种2050年的生活：第一种，20亿人生活在地球上，世界没有了新鲜空气，气温一连好几天超过60℃；第二种，地球郁郁葱葱，欣欣向荣，再生能源为智慧电网提供电力，50%的陆地被森林覆盖。

要防止生活变成上文中描述的第一种状态，我们必须快速降低全球碳排放量，在未来40年内快速实现碳中和。面对地球毁灭性气候的挑战，每个人的行动都影响着未来。

每个人的生活都离不开能源，每个人也都是消费者，都会用到工业生产的各种产品。根据对居民生活碳足迹的测算，我国居民生活碳排放大约占碳排放总量的 40%，人们的生活碳排放包含两个方面：一方面是生活中的能源消耗造成的直接碳排放，另一方面是生活中进行的消费、购买的服务等造成的间接碳排放。发达国家居民的生活碳排放更是占比高达 60%~80%，所以倡导低碳绿色的生活方式、推动建立可持续的消费习惯、低碳饮食、节能环保等都可以为碳中和目标的实现贡献一份力。

下文就从每个人都离不开的衣食住行四个方面展示大家具体可以怎么做。

一、衣

服装纺织业是仅次于石油业的污染最严重的产业。"每生产 1 公斤棉线需要 2 万升水，而这些棉线只够生产 1 件 T 恤和 1 条牛仔裤。"——《时装商业评论》。包括染色、洗涤、装饰在内的各项服装制造工艺涉及 8000 多种化学物质，产生废水、废气和固体废弃物等多种污染物，很难治理。

随着快时尚行业的兴起，衣服的使用周期越来越短，很多衣服在购买后连穿都没有穿过就变成了垃圾。中国循环经济协会的数据显示，我国每年大约有 2700 万吨的旧衣服被扔进垃圾桶，2030 年将上升到 5000 万吨。

绝大部分快时尚服饰都是由"石油"做的，涤纶、尼龙、氨纶等都是石油工业产品，当它们被扔掉变成垃圾时，需要很多年才能被降解，同时也会释放出很多化学物质。目前，处理旧衣服垃圾的主要方式仍然是填埋和焚烧，会造成严重的环境污染。

作为很容易冲动"剁手"买买买的普通人，我们可以怎么做？

» **衣物垃圾回收**。废弃的衣服可以回收再利用，但是只有 13% 的物质能以某种形式回收，这些二次回收的物质通常会变成更低端的应用材料，如绝缘材料、清洁布、床垫填充物等。

» **旧衣物捐赠**。不穿的衣物洗净收纳，捐赠给相关的公益机构，会被进行二次整理，用于帮助有需要的人群。

» **旧衣新生**。既然使用了很多资源被制造出来，每件衣服都需要尽量延续它的"寿命"。不穿的衣物可以定期交换或者送到二手店内，或许会有其他人更需要。

» **减少购买**。有零废弃达人做过实验，每个人有 10 件衣服就可以穿出 30 多身搭配。垃圾回收是末端的解决方法，那么如果不需要，就从前端开始减少衣服后续成为垃圾的可能性。

二、食

民以食为天，每天吃什么是至关重要的事。但是大家很难想到，选择吃不同的食物，会带来巨大的碳排放差异。素食产生的碳排放远低于肉食。2018 年《科学》杂志发表了一项研究分析，对比了不同类别食物的碳排放量。排名在前的是牛肉、羊肉，这两种红肉的碳排放量相当于等量鸡肉的 4 倍。饲养牛、羊时会产生大量的甲烷，并且饲养用地和饲料会占用大量的资源，如果按照碳排放付费来核算的话，未来牛羊肉很可能是天价食物了。

另外，食物浪费也导致了大量的碳排放。据联合国粮农组织统计，全球有 1/3 本来供人类食用的食物被浪费掉了。中国每年的食物损耗和消费量达到 1.2 亿吨，仅就 2013 年至 2015 年发生在餐桌上的食物浪费，就足以喂饱北京、上海两座城市的总人口。而生产这些食物所用到的资源会产生大量的碳排放，变成垃圾的食物还会继续在垃圾场里产生温室气体。为此我们可以怎么做？

» **多吃蔬菜，少吃肉**。有研究表明，素食可以降低患心脏病的风险以及减少肥胖。做一定的膳食改善，身体和环境都更健康。
- » **施行光盘政策**。外出就餐时按需点餐，遇到吃不了的情况可以自带餐盒打包带走。
- » **购买本地应季蔬菜**。本地应季蔬菜不仅更符合大自然的生长规律，而且可以减少运输和非生长季节搭建设施带来的碳排放。

三、住

据统计，建筑能耗大约占总能耗的 1/3。我们对所住建筑的选择有限，如果是新盖好的房子，或许执行的是新的建筑标准，在硬件条件上就基本达到了相对低碳的条件。但是我们很多人仍旧生活在老旧小区之中，老旧建筑造成了很多不应有的能量散逸，所以我们可以根据自己的情况进行家中的低碳节能改造。

另外，通过对家庭生活部分的碳足迹情况进行分析，其碳排放也超过了总额的 20%。人们至少有一半以上的时间是待在家里的，低碳绿色的生活方式，只需要在小习惯上的转变就可以实现。

低碳绿色的生活方式不是让我们回归苦日子，而是要过上不牺牲生活舒适度的聪明生活。为此我们可以怎么做？

- » **房屋的节能改造**。可以根据居住房子的现状进行能耗评估，优化最耗能的部分。
- » **低能耗的家居产品选择**。在消费时将能源的消耗作为考量标准，选择对环境友好的产品：现在的智能系统在整体上帮助人们更简便地减少家电的待机能耗，太阳能的利用节约了电能的消耗，LED 灯更节能……
- » **低碳的行为转变**。除了硬件上的改造，在生活行为层面也可以进行绿色选择：随手关灯和关水龙头，减少一次性产品的使用，出门自带"五宝"（布袋子、杯子、餐具、饭盒、手绢），减少购买不必要的物品……

四、行

绿色出行，尽量选择低能耗的出行方式，做合理的规划。随着共享经济的发展，绿色出行多了更多的选择：新能源汽车、地铁、公交车、出租车、网约车、电动自行车、共享单车等。

- **优化购车选择**。购买私家车时，根据自己的情况做最优的选择。比如新能源汽车随着技术水平的提升，续航里程也大大增加。
- **优先选择公共交通**。目前，传统的燃油车在慢慢退出国内的公共交通领域，2018年我国90%的公交车为电动车，在2025年将实现100%的电动化。
- **绿色出行**。步行+骑行。

新冠肺炎疫情期间，人类活动减少，全球变暖的情况暂时有所好转。"江山是主，人是客"，更多的人认识到，我们不是在保护地球，而是在保护人类自己。

知行合一是非常难的事情，公众参与气候变化行动也是如此，每个人在气候变化问题中，都扮演着不同的角色，我们可以从自己做起，也可以跟着身边的人一起行动：

（1）保持持续学习的能力。在未来的几十年中，气候变化是我们需要面对的常态，碳中和是我们行动的目标，从一知半解的状态开始学习，逐渐掌握未来生活的方向。

（2）从自己的身边做起。垃圾分类、绿色出行、可持续生活、使用清洁能源，等等，从身边的一件小事开始做起，为碳中和贡献自己的减排量。

（3）成为有影响力的人。让更多的人知道气候变化和碳中和，影响更多的人加入进来，一起节能减排、绿色生活。

（4）遵循大自然的法则。人类不是大自然的主宰，尊重自然里的其他生命和循环。

在本章收录的案例中，我们可以看中国环保组织的行动故事：从零废弃生活，到低碳家庭案例、社区垃圾分类试点、社区厨余堆肥解决方案、低碳出行、清洁炉灶、气候变化教育和可持续时尚等方面看到针对碳中和的具体实践，这些案例可以为我们怎么做提供更多的行动支持。

第二节　无限可能的零废实验

选择零废弃生活，与其说是支持环保，倒不如说是推行一种简约的生活，一种有趣的体验。在生活越来越便捷的当下，越来越多的年轻人感受到的却是生活的无聊和乏味。在这样的现代社会生活中，类似零废弃生活这样的探索和体验正是一个帮助我们消除焦虑、找到生活乐趣、发现人生意义、寻找自我、谋求幸福的有效途径。

——零活实验室群友朱某

一、引言

为了逆转经济发展带来的环境破坏，近年来我国各地都在通过制定政策，强力推动垃圾分类，比如2019年在上海及2020年在北京推出的生活垃圾管理条例。但从个人层面来说，民众的生活方式依然普遍奉行消费主义，政府及环保组织的倡导与个体生活之间一直存有很大鸿沟。

据2020年1月发布的《家庭低碳生活与低碳消费行为研究报告》，

47%的受访者听说过低碳生活、低碳消费，但并不清楚具体应该采取哪些行为来践行低碳生活。如何将环保真正落地到个人的生活里，如何引导每个人由内而外地开展零废弃的生活，并由此反思现有生活的不可持续，转变生活方式，一直是环境教育工作的痛点。

本节尝试梳理了零活实验室从2016年成立至今的发展历程，从一个人到一群人，零活实验室逐渐形成了独特的传播风格，建立了可持续生活社群，举办了几百场好玩的主题活动，希望借此架起意识与行动之间的桥梁。而这所有的探索，都要从一个普通人误打误撞改变生活方式的故事讲起。

二、改变，从看见开始——初遇零废弃

五年前，汤蓓佳是北京这座城市里无数名上班族中的一员，她的生活跟大多数人没什么不同：有着一份不好不坏的工作，挤着地铁上班下班，同时享受着互联网时代靠一部手机就能活下去的"便捷"生活——能叫外卖就不做饭，能网购就不进商场，总之就是怎么方便怎么来。

当年的汤蓓佳所拥有的微不足道的环保意识，大概就是在雾霾天气时和身边的人一起嘟嘟囔囔抱怨几句，再来就是每年一次的"关灯一小时"行动了。那时，她从来没有想过，自己和环保之间能扯上什么关系，那不都是政府和NGO的事情吗？

直到2016年9月，她无意中在网上看到一篇介绍美国"零垃圾女孩"Lauren的文章，这才第一次听闻Zero Waste（零废弃、零垃圾）这个词。文章里详细介绍了Lauren日常实践零废弃生活方式的小妙招，比如自制清洁剂、选择不带包装的散装产品、进行厨余堆肥，等等。就这样，她成功把两年的垃圾装进了一个小小的果酱瓶。

"太不可思议了！"看完文章的她不禁惊呼。

不过，佩服归佩服，当时她并没有觉得零废弃跟自己有什么关系。环顾北京街头和小区内外，连分类垃圾桶都没有，要做到零垃圾简直是天方夜谭吧。

万万没想到，就在看完这篇文章的第二天，她的想法就变了。

那是一个普通的工作日，她照例订了一份外卖当午饭。打开外卖的那一瞬间，她突然被一股强烈的好奇心击中："我一天当中会产生多少垃圾呢？"于是，她拿起手机，拍下了装着那顿饭的 6 个外卖餐盒。下班后又拍了两张，分别是菜市场买菜的 4 个塑料袋和拆完快递后的泡沫箱及填充物。

这是她第一次真正"看到"自己的垃圾。正当她再次感叹和 Lauren 之间的巨大差距时，她突然意识到：正因为她选择了一种看

6 个盒子装着的外卖

似方便的生活方式，才会在短短一天中就制造了这么多垃圾。

"那么问题来了，既然这些垃圾是我主动制造的，那如果我改变一下自己的生活习惯和消费方式，我的垃圾有可能变少吗？"

于是，带着这点好奇心，汤蓓佳开始了一场减少垃圾的生活实验。

三、一个人的行动——日常零废弃生活实验

"零废弃生活"，听起来像是一个无比宏大的工程。但是，如果把着眼点放到日常生活中衣食住行的点点滴滴，在一些不起眼的鸡毛蒜皮的小事

上，都能创造减少垃圾的机会。

就拿食物来举例，跟食物相关的垃圾是每个家庭中占比最大的，也是最容易去减少的。比如说，只要带上两种装备——布袋和饭盒，买菜的时候就不需要用到任何一次性的塑料袋，冰箱也会变得整洁清爽。出门的时候带上自己的杯子、餐具、手帕、饭盒，不管是喝咖啡还是吃煎饼也都不会产生垃圾。2016年9月之后，汤蓓佳再也没有点过外卖。做饭过程中的菜帮菜叶、果皮、咖啡渣等厨余垃圾则可以通过堆肥的方式转换成肥料。

用棉布袋和饭盒装食材

这个减少垃圾的过程也改变了她对环保的刻板印象。过往她所认知的环保行动大概就是在家节约用水、出门捡捡垃圾之类的，在她的心目中，这种生活是苦闷的、禁欲的、不美的。但通过自己的亲身体验，减少垃圾就像是一场打怪升级的游戏，每天都有新的任务在等待她去发起挑战，原来环保的生活也可以这么有趣！这场实验开始没过多久，汤蓓佳就惊喜地发现，家里的垃圾真的变少了。

实践零废弃，也是在更深的层次上全方位审视自己的生活。以前的她沉迷于"买买买",想要通过对物质的占有来给自己贴标签,来让自己有安全感。但当她开始为了减少垃圾而向自己发问:"我真的真的真的需要这个吗?"她跟物品的关系也慢慢发生了改变。

拿衣服来举例,以前的她可以说是个不折不扣的购物狂,有段时间平均每个星期都会买一件新衣服,有些买回来之后发现不合适,连吊牌都没拆就放在衣柜里了,等到换季的时候再打着断舍离的幌子不心疼地扔掉。2017年夏天,她参加了一个胶囊衣橱挑战,叫作"1331",意思是用13件衣服穿31天。当她最终用这13件衣服穿了整整3个月时,她明白了我们需要的真的不多,给生活做减法有时反而会获得更大的自由。

几年下来,汤蓓佳的生活发生了很多翻天覆地的改变。虽然她现在仍然做不到百分之百的"零"垃圾,但通过这场生活实验,家里的垃圾真的变少了——从以前每天扔出两三袋到现在两周甚至一个月才攒满一袋。更重要的是,这一系列行动给她带来了很多力量,也带来了一群志同道合的伙伴。

参加"1331"挑战的13件衣服

四、一群人的力量——用行动连接你我

2016年11月,汤蓓佳开设了公众号GoZeroWaste(零活实验室)。最初的想法特别简单,只是单纯地希望用文字和图片记录下自己践行零废弃生活的方法和感受。慢慢地,通过公众号推文的传播,她认识了很多同样在践行可持续生活方式的小伙伴,并在2017年4月建立了第一个线上社群。

也正是在这样结伴前行的路上,零活实验室一步一步走得越发清晰,逐渐明确了自身的目标——搭建从意识到行动的桥梁,帮助更多人迈出可持续生活的第一步。

如何达到这个目标?零活实验室的工作主要聚焦在以下三个方面。

(一)倡导意识

为什么要谈环保?

垃圾问题的源头在哪里?

为什么要从个人层面减少垃圾的产生?

我们和环境之间,究竟是怎样的关系?

践行环保,必然跟美好舒适的生活品质是对立的吗?

……

这些都是零活实验室首先想要回答的问题。

回头看2016年之前的自己,汤蓓佳意识到,当时之所以对环保话题不感兴趣,一是总觉得环保是政府和社会组织的工作,没有认识到个人作为社会的一分子也同样具有责任和行动力;二是在很多媒体报道中,环保被渲染成一种道德高尚的行为,还带着一丝修行式的清苦,而这不禁让她望而却步。

反观Lauren的故事,帮她认识到便捷生活方式背后的代价,也让她

体会到个人在社会议题中的主体性和影响力，更重要的是，让她看到了"环保生活"与"轻松有趣"并存的可能性。作为一名普通的社会人，相较于生态系统破坏、气候变暖这些宏大叙事，简单快乐的生活方式显然更能吸引她。所以，当她转换角色，成为一名零废弃生活的倡导者和传播者时，她也试着用轻松愉快的方式去让更多人了解和体验到这种生活方式的美好。

打开零活实验室的公众号推文，你几乎看不到"地球末日"式耸人听闻的内容，也感受不到"道德绑架"式咄咄逼人的压力。零活实验室的文风轻松欢快，受到了很多读者特别是年轻群体的喜爱。在零活实验室看来，生活方式本身并无高下好坏之分，选择零废弃生活也并不会让我们成为一个"更正确"的人。零活实验室不做说教和指责，而是通过推文、分享和线下活动，如实地把日常的零废弃生活呈现于公众眼前，展现出另一种可能性——"哦？原来还可以自带杯打咖啡！""原来二手交换也能淘到心头好！"——在当下的大环境中，面对消费主义和一次性物品泛滥，我们始终都有选择的自由。

（二）提供方法

近年来，在政府政策和公共媒体的引导下，公众对环境议题的关注度越来越高。对于大部分人来说，"环保""可持续"这些词汇并不陌生。但大多数时候，它们都是出现在政府公文、公益广告、宣传海报上的标语和口号，仿佛飘在半空中，无法与日常生活接轨。

"我当然知道环保很重要啦，可是具体要怎么做呢？"平日里，我们经常能听到身边的人发出这样的疑问，而这也是曾经的汤蓓佳心中的困惑。回望自己的成长年代，无论是学校教育还是职场培训，都不曾有老师传授垃圾减量的行动指南：如何替换买面包的一次性塑料袋、如何选择更环保的洗衣液、如何在享受美味的同时减少碳排放、如何将闲置物品转赠他人……所谓环保生活，无非都是由这些小小的选择构成的。而这些问题，在零活实验室都能找到答案。

行动，是零活实验室所有工作的落点。零活实验室不空谈大道理，而是以一个个容易操作的小习惯养成、一个个有吸引力的小挑战，填补理念与行动之间的空白。在零活实验室的公众号上，推出了一个名为《21天零垃圾手册》的系列专栏，通过21个小行动把"零废弃"这个看似遥不可及的目标拆解成一天一个的小任务，比如"写一篇'垃圾'日记""没有塑料袋的冰箱""打造心动衣橱"等，读者可以用21天的时间慢慢改变生活习惯，并从中感受行动带来的真实收获。2020年，零活实验室还推出了"21天零垃圾生活成长营"线上打卡活动，号召了300多位群友参与并记录分享自己的零废弃行动。

除了公众号上的行动手册，零活实验室还设计了很多线上线下的分享课程，邀请各个领域的达人手把手地教大家如何实践零废弃生活，例如，通过手作工坊让大家学会如何用洋葱皮染手帕、用过期植物油制作家事皂、用闲置布料缝制餐具包等。

洋葱皮染手帕活动现场

零活实验室始终相信行动的力量。通过提供这些切实可行的方法，零活实验室帮助很多人找到了环保生活的切入点，哪怕只是一个微不足道的小细节，也可以成为改变的开始。"环保""低碳""可持续"，这些曾经离我们很遥远的词汇，也在这些小行动中，变得清晰、实在、触手可及。

（三）搭建平台

零活实验室并不是做单向的理念灌输，而是希望搭建一个交流和共创的平台，连接更多志同道合的伙伴。从 2017 年第一个线上社群开始，零活实验室的社群规模不断壮大，到 2021 年 6 月，已经形成了 7 个全国社群和 20 个城市社群，聚集了近万名对可持续生活方式感兴趣或正在践行的朋友。关于零废弃的讨论和交流每天都在群里发生：无论是实操技巧还是内心感受，只要提出问题，热心的群友们都会乐意分享自己的经验供你参考。

除日常交流之外，零活实验室还策划了各式各样的社群活动。2020 年新冠肺炎疫情期间在线上进行的观影会，每周组织大家共同观看一部环保纪录片，并在群里就影片主题进行讨论。另外，还邀请群友作为分享嘉宾，在"群友故事会"活动中与大家见面，讲述自己践行可持续生活的心得与体会。过往几年，零活实验室还发起了很多好玩的倡议和打卡活动，邀请大家一起"升级打怪"，比如："7 天垃圾挑战"直观地呈现出每天每个人到底会扔掉多少垃圾；"7 天不叫外卖挑战"减少了 4000 多个一次性外卖包装；"一年零购衣行动"让上千人重新审视自己的衣橱和购买习惯；"21 天零垃圾生活成长营"记录了 300 多位朋友的可持续行动；"14 天自然幼儿园"让 200 位参与者回归孩子的视角体会自然的美好与治愈。

除了实时的线上交流，2017 年至今，零活实验室还举办了 400 多场有趣的线下活动。比如每年春天和秋天会组织"零废弃野餐"，一群小伙伴在公园的草地上席地而坐，在美好的天气中与彼此分享食物、交换心情。

跟普通野餐不一样的地方是，每个人准备的食物都是用非一次性的容器盛装的，而且大家都会带上自己的餐具、杯子、手帕等用具。于是，一场野餐结束，除可堆肥的厨余之外，不会产生任何垃圾。另一项人气颇高的线下活动是"旧物新生"二手交换，为参与者提供了一个负责任地处理闲置物品的平台，大家可以为家中闲置找到下一任主人使其继续发光发热。"旧物新生"目前已经举办了上百场，为几万件闲置物品找到了新的去处，并让大家从中感受到零活实验室倡导的理性消费观念：用交换代替购买，给无用的旧物赋予新生。

（a）大连社群举办的零废弃野餐活动　　　　（b）旧物新生活动

零活实验室组织的线下活动

社群提供的，不只是知识和经验，更是一种有力量的陪伴。正如群友们所说，在这样一个浮躁的年代，能够通过零活实验室的社群找到同路人，建立真实的面对面的连接，实在是一件很疗愈的事情，而这也恰恰是零活实验室努力的方向。

五、写在最后

为什么取名叫零活实验室？

"零活"，顾名思义是零废弃生活的简称，同时也象征着对过度物欲的清零。

"实验室",这三个字则完美诠释了他们的风格:生活是没有标准答案的,零废弃生活归根结底也只是一场实验,最终结果如何、能产生多大的社会影响力,都是未知之数。不过正因为未知,所以实验才越发有趣,不是吗?

另外,零废弃生活并没有固定的方程式:谁说环保就必须要戒断网购?为了光盘硬逼着自己塞下不健康的食物?衣柜里满是衣服都不好意思说自己在实践零废弃? No no no! 在零活实验室看来,每个人都应该按照自己的习惯和喜好调整实验配方,你可以选择少吃肉,可以选择减少网购,也可以选择自制清洁剂……一百个人有一百种实验结果,也就有了一百种不同的生活体验。这才是零活实验室一直期望看到的,生动的、有无限可能性的、打破框架的可持续生活。

第三节 "样板间"里的低碳家庭想象

一、引言

2015 年,法国环保社会组织 4D 主持的联合国气候变化大会边会"Our life 21"分享了来自全球 50 个低碳家庭的样本案例,其中来自中国家庭的一天是这样度过的:

7:00,随着一家人起床,插座上的光控小夜灯闭上了眼睛;卫生间中洗漱用过的水,流到家庭内部中水循环系统过滤净化后储存至卫生间顶部的水箱之中备用。

8:00,在确认拔掉不需要使用的电器电源、关闭了插线板才出门,一家人选择乘坐公共交通工具上班、上学,而单位距离较近的父亲,则是骑着自行车上下班。

中国低碳家庭的一天

11:30，奶奶开始煮饭，并将厨余放进厨余堆肥箱做堆肥处理。30 分钟后，在未启用电饭煲保温功能的前提下，一家人开始吃热气腾腾的米饭。饭后，母亲用厨余发酵所得的酵素洗碗，干净又环保。

13:00，爷爷用中午做饭时洗菜留下的水，给种在阳台及屋里的绿植浇水并施肥，而这些肥料都是厨余绿色堆肥所得。

18:00，天色暗了，打开屋里的灯，这些灯全都是省电的 LED 灯泡。小孩看的电视、厨房的冰箱、洗衣机等家电都是标有能效标识的节能电器。

20:00，晚上一家人洗澡的热水，来自由白天太阳照射加热的太阳能热水器，而洗澡用过的水经过简单过滤净化后连同洗衣机的废水一同进入循环系统，由于洗发水等洗漱用品含有化学成分，废水无法浇绿植，便供冲洗马桶使用。

22:00，没有开空调的房间仍然温度湿度适宜，这有赖于中空的断桥铝窗户、相变材料的内墙装修和房间里的绿色植物。

这样的生活是你想象当中的低碳可持续生活吗？

工业化发展对自然环境和人类生活造成了广泛的影响，大量二氧化碳的排放，导致温室效应加剧，对生命系统形成威胁。从2007年我国发布《中国应对气候变化国家方案》，到2020年向世界发布实现碳中和的时间点，气候变化的议题得到了全民的广泛关注。要实现2030年碳达峰、2060年碳中和，中国必须在未来几十年内快速实现可持续的温室气体减排能力，这意味着我们从能源生产到生活方式都需要转变，除了政府的政策支持和各个行业的转型，社区、家庭和个人层面的行动也至关重要。在城市之中，家庭及社区是垒砌社会砖墙的基石，宏大的应对气候变化的目标只有投射到这一微观尺度上，产生可见实效的行动，才能得以实现。"低碳家庭实验室"这样一个实践项目，正是在气候变化的大背景下，开始探索"人人参与"的行动可能性的。

二、背景

气候变化一直是全球热议的话题，由温室气体排放造成的全球变暖和气候变化正成为摆在全人类面前的世界性难题。全球气候变暖已经成为毋庸置疑的事实，将是全人类在很长一段时期内都必须面临的严峻挑战。根据世界卫生组织的统计，全球每年有30万人因气候变化而死亡，4000万人因为气候变化而被迫迁徙。在全球最贫穷的人口中，3/4的人即将面临因为气候变化而引致的农作物失收和牲畜死亡。46个国家可能会因资源问题而发生冲突，而冰川的融化也会影响很多地区的水资源供应。气温若上升2℃，人类的工作能力就会急速降低，在全球最热的地区可能会带来30%的（经济）损失。

随着气候变化、城市化的加剧和经济高速发展,中国面临着众多亟待解决的环境与社会问题。极端天气、空气污染、黑臭水体、能源浪费、自然缺失症……根据亚洲清洁空气中心发布的《大气中国2021》,2020年我国PM2.5整体年均浓度为33μg/m^3,首次达到我国规定的年均值二级标准(35μg/m^3);而根据2021年9月世界卫生组织发布的全球空气质量准则(AQG2021),PM2.5的年均浓度准则值已下降到5μg/m^3。

同时,环境教育的缺失导致了人们对环境的冷漠态度,不可持续的快速消费模式让我们生存的这片土地进一步透支,生态破坏、肆意浪费等案例比比皆是。如何开展更多的应对气候变化方面的工作,将应对气候变化议题引入实践层面,通过倡导低碳生活、低碳出行等理念,引导公众改变生活习惯,来应对气候变化?2004年起,自然之友开启了通过推动公民行动来减缓气候变化的项目实验。

三、行动

(一)从宏观的议题到行动

作为以"真心实意,身体力行"为价值观的本土环保组织,怎样将应对气候变化这样一个宏大的议题转变为大家都可以参与的行动呢?自然之友从公众宣传、政策倡导、社区工作等方面开始了各种尝试。

1. 空调26℃节能行动

自然之友联合北京地球村、世界自然基金会、中国国际民间组织合作促进会等6家机构发出倡议,建议在夏季用电高峰期将空调温度调至不低于26℃,以节约能源,并缓解燃煤发电引起的气候变化、空气污染等问题,得到了40多家民间环保组织的支持和响应。在十几个城市的大暑和小暑节气组织公众在公共空间进行空调26℃测温行动,给不达标的公共建筑寄出建议书。活动持续到2007年,国务院办公厅下发《关于严格执行公共建筑空调温度控制标准的通知》，规定所有公共建筑内的单位，夏季室内空调温度设置不得低于26℃，冬季室内空调温度设置不得高于20℃。

2. 低碳出行项目

2010年，自然之友启动低碳出行项目，对北京市内尤其是地铁沿线的自行车停放、租赁系统进行了调研，发布了一张"北京骑行地图"，方便骑自行车出行者参考和使用。

3. 城市家庭节能减排行动

2009年，自然之友开始在城市小区中摸索促进城市居民理解环境能源议题的工作方式。通过与社区第一线合作的经验，发现老旧小区因为现有的空间环境规划不佳、使用的建材陈旧，使得建筑物的能源散逸量大。社区居民对于低碳可持续生活缺乏意识，也没有可参考的系统性方法。

从这样的经验中，低碳家庭团队得出启发：在讨论大尺度的气候变化和减少碳排放的背景下，须设计能够让市民容易参与，并感到环境能源议题与自己息息相关的参与机制。在这个基础上，低碳家庭团队开始筹划居家建筑节能改造项目，区别于政府的宏观角度，探讨人人参与应对气候变化的具体行动。

随着城市环境问题进一步增多，从家庭节能减排开始，探讨的是可持续发展的社区与低碳城市问题。2011年、2013年及2015年，自然之友在北京和上海积累了近70户低碳家庭案例，居民通过专业课程工作坊学习，自己制订居家建筑节能改造计划，实施改造、记录与观察整体节能改造状况，等等。在改造成果上，各家户平均节能降耗30%～50%，且大幅提升了居家生活质量。加入参与式项目的家庭反响很好，通过深度参与学习，对可持续生活有了深刻的体验，很多家庭参与者自发成为第一批低碳讲师，开始影响周边的人。通过三年的积累，项目也总结出了一套"低碳家庭六步法"的改造方案，制成了《低碳家庭节能改造手册》《低碳的五十个小动作》等读物。

低碳家庭读物内页

（二）低碳家庭的实践案例

如何在不牺牲生活舒适度的情况下，过上低碳可持续的生活呢？来看看通过近 70 户家庭的实践得到的行动结果。

低碳家庭改造六步法：节水、节电、保温隔热、无毒装潢、新能源利用、材料回收再利用。普通家庭都可以通过这六个方面分析问题，通过学习、自主设计，找出解决方案并进行改造。

（1）节水。经过低碳家庭团队的测试，一个三口之家一般每月会消耗 10 吨水，而其中有 50% 的水都用于冲马桶了。通过更换节水花洒、节水龙头等节水器具即可达到节水 20%～30% 的效果，简单动手就可以收集生活中的废水去冲马桶，喜欢 DIY 的还可以自制废水收集系统，每个家庭都可以根据自己家的生活喜好调整节水习惯。

（2）节电。生活当中很多电能都在电器的待机状态中被白白消耗掉了，我们经常在使用了电器后忘记断电，或是过于疲劳懒得操作。其实在快节奏的生活中，大家可以聪明地节电，比如更换更节能的 LED 灯具和一级节能电器，购买分项开关的插座，更换全屋智能系统，都可以帮助大家轻松节电。

（3）保温隔热，给自己家的房子穿上"衣服"。很多人都会忽视保温隔热的重要性。家里热了就开空调，冷了就把暖气温度调高，殊不知，如果墙体和窗户的保温隔热没有做好，就是白白浪费了屋子里的能量。所以当发现墙体过薄、窗子走风漏气时，可以给墙体增加内外保温层，给房子穿上一件"衣服"；选择密闭性好的窗户材料，比如断桥铝、钢木等；还可以采用保温隔热廊道设计，增设遮阳篷、吊顶和隔热窗帘实现保温隔热的效果。

（4）无毒装潢。室内装潢改造时产生的甲醛、VOA、VOC 等有害物质都是大家很关注的重点，无毒装潢对使用更自然的材料和人们的健康都至关重要。在材料方面，我们可以注重选择环保等级标注达标的大品牌或是矽（硅）藻泥、麦秸板、竹碳等相对自然的材料。另外，通过植物的生态设计营造，也可以帮助屋内实现更绿色宜居的环境。

（5）新能源利用。现在新能源的利用已经是很成熟的技术了，目前国家还有各种补贴政策，比如太阳能的应用，如果家里有条件可以安装家用太阳能光电板和太阳能集热板热水器，节能省钱。

（6）材料回收再利用。为缓解城市生活垃圾问题，现在部分试点城市已经开始实行垃圾分类政策，而我们也可以从源头减量做起，比如家中的废旧家具、装饰物品都可以进行二次改造利用，安全又环保。

具体可以看看低碳家庭在改造中的实践：住在一楼的小崔家，不但全勤参加低碳家庭课程工作坊，而且全家一起发明创造。改造前屋子内非常昏暗，常年需要开灯，且通风较差，潮湿发霉是经常发生的状况。家里虽然有个小菜园，但是由于之前不太会打理，杂草也经常混迹其中，看起来并不美观。

一家四口经过学习，研究出了适合自己家的低碳改造计划：

» 室内采光改善

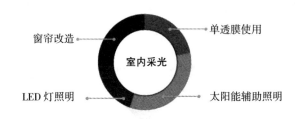

室内采光改善方案

» 通风除湿设计

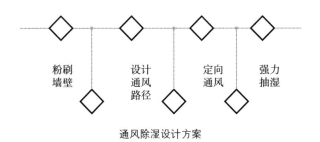

通风除湿设计方案

» 家庭生态小菜园改造

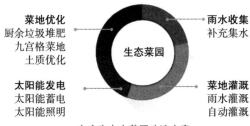

家庭生态小菜园改造方案

小崔家因为上海光照条件不好，尤其一楼光照条件更差，差点放弃太阳能。作为家里的研发小能手，哥哥通过计算，在菜园和家之间的棚顶上安装了一平方米的太阳能板，并自己设计了线路。现在，小太阳能板不仅能给菜园灌溉供电，还能用于手机充电、小功率照明。兄妹俩利用低碳家庭带来的启发，参加了上海市青少年科技创意设计评选，并且获得了一等奖。

（三）"低碳展馆"和"一日馆长"

2015年，低碳家庭的案例作为中国家庭应对气候变化的解决方案，参与了巴黎气候变化大会，被很多媒体报道，很多人希望可以参考这种生活方式，有了参观学习的需求。同时，以公共场景为大家呈现低碳家庭的可能性，也更能够促进社区层面的公众参与。为此，2016年，自然之友启动低碳展馆项目，并开启参与式改造的尝试，经过创新性的设计，将整个改造的过程开放设计成十场公众可参与的工作坊。

低碳展馆

从"参与式设计""拆拆拆",到"刷刷刷""交互墙设计""一起装窗户",共计 200 多名志愿者参加了低碳展馆的参与式营造建设。

展馆为公众呈现了更全面的环境视角,不但有环境问题和城市发展关系的分析,还有环保生活理念的传递,更有以低碳家庭改造为实例的,包含垃圾管理、城市水体检测、雾霾环境个人防护等市民行动方案的设计和展示。同时,为了回应公众的参访需求,"一日馆长"的志愿者课程开始上线。从 2018 年 11 月开始到 2020 年 12 月,共计开展了五期"一日馆长"的课程培训,三天时间的问题驱动式课程让志愿者学习到家庭中低碳改造的关键,并且之后能够给公众进行低碳展馆的导览,8~80 岁的志愿者都可以参加,目前的"一日馆长"年龄跨度为 8~60 岁,跨年龄的组合带来了丰富的导览体验。低碳展馆还推出了线上展馆,没法到现场的人们可以通过线上展馆进行 360° 的参观。四年间,从幼儿园小朋友到退休的叔叔阿姨,有 2 万人次以上的公众通过线上和线下的方式,参观学习了低碳家庭的知识,并且导向不同程度的可持续行动。

四、写在最后

2011—2021 年,从低碳家庭到一日馆长,人人参与应对气候变化的行动之路走了十年,在总结出可推广的低碳家庭样本,形成低碳家庭的能效标准,研发公众参与环保行动的创新活动形式,影响更多公众的同时,参与者的自组织能力和创造力也被激发出来。尽管个人的力量看起来微不足道,但只有全民都行动起来,才能达成碳中和的目标,希望更多的伙伴看到低碳行动的故事,同我们一起,探索更多通往低碳宜居城市的路径和公民应对气候变化的方案。

第四节 触手可及的社区碳中和

一、引言

城市生活垃圾是伴随着中国城镇化发展而产生的一个环境难题,其不仅会占用过多土地,造成垃圾包围城市的恶劣环境,也会对大气、水体、土壤和农作物造成污染。与此同时,生活垃圾中也包含大量有机组分和可回收物,经资源化处理可再次利用。由此可见,生活垃圾同时具备废弃物与资源的双重属性,用之则利,弃之则害。

作为一家专业住宅开发企业,万科集团在物业开发和运营过程中难免遭遇到垃圾问题。作为万科集团及万科公益基金会探索垃圾分类处理的先行先试城市小区,北京西山庭院的探索历程及其行动经验,不仅提供了生活垃圾分类综合管理的重要参考,也为社区层面助力碳中和提供了值得借鉴的样板。

(a)西山庭院一角　　　　　(b)西山庭院内居民共建的锁孔花园

西山庭院

西山庭院位于北京海淀区肖家河,北五环外、京密引水渠畔。小区于2004年5月开盘,拥有业主600多户。入住伊始,一些海归业主就遇到了头疼事——不知道怎么扔垃圾。对于长期旅居国外的他们而言，垃圾分类已经成为一种生活习惯。随后，他们向物业反馈。当时，北京作为全国首批垃圾分类试点城市，为迎接奥运，正在积极推广垃圾分类。为响应政府垃圾分类号召与回应业主诉求，西山庭院万科物业管理团队很快加入小区垃圾分类的队伍中来，由此开启了建设可持续社区的探索。

2004年，开始尝试垃圾分类。2006年，开始探索厨余垃圾就地处理方法。2007年，小区内垃圾分类行动逐步稳定并机制化，开始利用高科技设备通过高温碳化方式处理厨余垃圾。2012—2018年，西山庭院物业坚持垃圾分类，不断尝试就地处理厨余垃圾的方法。此期间在万科公益基金会所搭建的技术平台的促进下，2018年，建立黑水虻处理站、堆肥站，将垃圾分为可回收物、有害垃圾、有机垃圾、其他垃圾进行处理，其中可回收物全部进入回收系统；采用黑水虻处理有机垃圾中的厨余垃圾，使用堆肥技术处理园林废弃物。2019年，万科公益基金会委托碳阻迹（北京）科技有限公司（以下简称"碳阻迹"）完成西山庭院碳核算，并与北京昊业怡生科技有限公司（以下简称"昊业怡生"）、万科物业西山庭院团队完成经济核算。同年，万科公益基金会引入自然之友·盖娅设计工作室，在小区内发动业主家庭和幼儿园实践园林废弃物堆肥、植物种植、黑水虻处理过程参观等参与式科普活动。2020年，万科公益基金会又支持北京西城区常青藤可持续发展研究所（以下简称"常青藤"）在西山庭院小区开展结合垃圾分类宣传动员的自然教育活动与社区志愿者培育，坚持开展以垃圾分类系统为基础的可持续社区建设。

一步一个脚印走下来，西山庭院小区对垃圾分类和处理的探索，不仅从源头上解决了垃圾未分类导致的后续处理难、损耗大等问题，而且以环境友好型方式实现了社区垃圾资源化处理，增强了社区居民的凝聚力，提升了基层治理效果，一个可持续发展的社区渐渐成型。

二、案例背景

1. 碳中和时代来临

已有科学研究表明：全球变暖是人类行为造成地球气候变化的结果，其对生活方式的影响、带来的挑战和问题日益严峻。若碳耗用增加，二氧化碳排放量增加，温室效应将不断加剧。

随着城市化进程加快，市政垃圾问题凸显，垃圾收集、运输、处理过程会产生大量能耗，从而增加碳排放，垃圾问题成为碳中和面对的难题之一。在社区实现垃圾分类后进行有针对性的处理，能够减少因填埋和焚烧造成的环境污染，还能实现废弃物资源化利用。在社会各界行动起来迎接碳中和来临的时代中，垃圾综合管理将是其中的重要内容。

2. 敢为人先，勇于担当

2000年，我国政府首次推行城市垃圾分类试点。无论是2004年万科西山庭院自发的探索，还是2010年万科集团开始自上而下的规模化探索，都见证着万科为解决垃圾问题所秉持的强烈责任意识。2010年，万科启动所服务小区的垃圾分类行动。至2016年年底，已经涉及超过282个社区，覆盖业主超万人。2019年，我国垃圾分类"强制时代"来临，全国地级以上城市全面启动生活垃圾分类工作，万科物业积极响应，一场以"丢掉土味，生活更时尚"为主题的"立及行动"落地50个城市、658个住宅小区、268个商业写字楼、43个万科物业办公区，触及869011户业主……

在生活垃圾处理过程中，常常听到人们发出"垃圾反正是混合运输，我们小区分类有什么意义"等抱怨。对此，万科一直坚持"做好自己能做的那部分"，在我国努力推动垃圾分类先后20年的历程中，可能没人敢说成功，有的只是探索、反复和选择，只是有的选择抱怨，有的选择坚持继续前行。

2017年起，王石担任万科公益基金会理事长，在新一届理事会领导及为期5年的战略规划指引下，基金会将"社区废弃物管理"设为旗舰项目，聚焦社区厨余垃圾就地资源化处理方法，探索相配套的垃圾分类综合处理模式，以建立"可持续社区"为工作目标，持续推动环境保护和社区发展。

三、问题阐述

随着城市化步伐加快，人们一方面享受着便捷的快递服务、品类丰富的大宗商品供应、令人赏心悦目的绿化环境；另一方面在供给、运输、消费各类商品的同时，都会产生大量的固体废弃物，这给家庭、社区和城市可持续运转带来了不少烦恼。

据西山庭院物业统计，小区内每天生活垃圾总量在600kg左右，其中可回收物重量占比为24.62%，有机垃圾重量占比为54.92%，有害垃圾重量占比为0.38%，其他垃圾重量占比为20.08%。可回收物与其他垃圾成分涉及种类较多，这里的可回收物包括——废纸类重量占比为5.58%，塑料类重量占比为13.52%，玻璃类重量占比为3.73%，金属类重量占比为0.53%，织物类重量占比为1.26%。此外，有机垃圾主要成分为厨余垃圾，有害垃圾主要为废旧电池、灯管等。

作为城市的一个小小缩影，西山庭院面对着自己的"垃圾围城"挑战，又进行了哪些努力和探索呢？

四、问题解决

（一）触手可及的碳中和行动——垃圾分类

对于社会大众而言，在日常生活中践行垃圾分类，是最简单、最可持续的参与推进碳中和的办法。人们在前端践行垃圾分类，可减少后续垃圾处理造成的能耗；对于有机废弃物，实施就地处理能减少后续转运和处理产生的碳排放；对于可回收物，可更方便地进行分拣和回收，减少处理成本。此外，进行垃圾分类后，其他垃圾体量大大降低，垃圾焚烧处理过程中会减少碳排放。社区居民进行垃圾分类看似举手之劳，实则影响到整个城市固体废弃物的收集、转运和处理工作是否能够贡献于碳中和大业。

2018年，万科公益基金会搭建平台启动了北京西山庭院垃圾分类试点工作。万科公益基金会、万科物业和昊业怡生希望利用自然生态手法结合全民参与机制，就地处理厨余垃圾和园林废弃物，将其转化制作成可用于土壤改良的有机质，并与居民一起种植节水型乡土花草，共同建设零废弃生态社区。

西山庭院生活垃圾分类驿站

西山庭院业主家庭按照政府颁布的四分法，分出厨余垃圾、可回收物、有害垃圾和其他垃圾。小区物业作为小区垃圾分类管理责任主体，配合地方政府，做好监督、指导、宣传和管理工作，让垃圾分类事业顺利推进。万科公益基金会搭建攻坚平台，视需要对接各类技术支持力量与资源。昊业怡生则聚焦于黑水虻、堆肥等技术在社区层面的顺畅运转探索。

（二）黑水虻处理厨余垃圾

黑水虻是一种腐生性水虻科昆虫，能够取食禽畜粪便和生活垃圾，产出高价值的动物蛋白饲料。黑水虻在羽化成虫之前的幼虫生命阶段，是其处理腐烂有机垃圾的主要时间段，此期间虫体内富含月桂酸、抗菌肽等物质，因而成为禽类和鱼类的绝佳饲料来源，能提高动物活力，促进动物健康，增加肉蛋品质，而且不会有任何的不良反应。黑水虻处理腐烂的有机垃圾得到的虫粪无异味，可以直接作为有机肥还田。

2018年年底，西山庭院建立了黑水虻社区厨余垃圾处理站，小区内每天产出有机垃圾约300kg，其中100kg的厨余垃圾可通过黑水虻在小区内处理。发展至目前，采用黑水虻处理社区厨余垃圾的技术不断趋于成熟，处理效果显著，每天可收获黑水虻幼虫20kg。

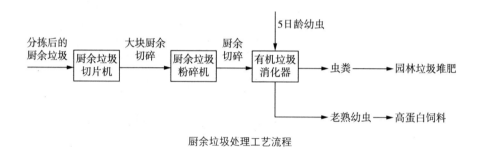

厨余垃圾处理工艺流程

（三）园林废弃物堆肥处理

堆肥是利用含有肥料成分的动植物遗体和排泄物，加上泥土和矿物质的混合堆积，在高温、多湿的条件下，经过发酵腐熟、微生物分解而制成有机肥料的技术手段。西山庭院对于修剪枝、修剪草、枯枝落叶等小区内园林废弃物采用堆肥方式进行处理。

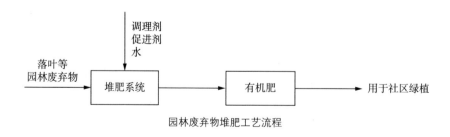

园林废弃物堆肥工艺流程

西山庭院堆肥发酵箱由孔板加框架制作而成，尺寸为1.5m×1.5m×1.5m。堆肥采用静态好氧工艺，在园林废弃物发酵过程中空气会由箱体上的小孔进入堆体，提供发酵微生物所需的氧气，管理得当的情况下，整个发酵过程中不会产生异味。堆置时，首先在箱底部铺上一层20cm厚的粉碎后的园林废弃物，再均匀洒入15kg水和15kg促进剂，最后再均匀倒入5袋发酵剂覆盖废弃物，如此分层堆置至发酵箱装满，最顶层落叶经踩压密实、洒水、洒添加剂后，用一层薄土覆盖。堆体通常由7层园林废弃物、6层发酵剂组成。

目前，西山庭院可利用虫粪、树叶、草屑制作有机肥10箱，每箱3.375m³，共33.75m³。工作人员每天测量温度，记录堆体的温度变化，待物料腐熟后进行还土使用。

（a）堆肥箱内部物料　　　　　　（b）堆肥箱外观

西山庭院堆肥箱

五、成效斐然

（一）生活垃圾零废弃

西山庭院小区内分布有9个分散式垃圾站，每个垃圾站都包括4~5个120升或240升的垃圾桶，用于收集厨余垃圾、可回收物和其他垃圾（分别为绿色、蓝色、灰色的垃圾桶，根据实际投放需求调整垃圾桶放置数量）；小区南北门的两处垃圾站和东北角的垃圾处理站设有专门的有害垃圾桶。目前全小区分散式垃圾站的垃圾桶均为24小时放置。

对还不会分类、不会准确投放的业主，物业会与常青藤合作，协调安排物业人员与社区志愿者进行现场监督和指导，同时定期举行垃圾分类宣传活动以进行知识普及和指导。小区可回收物遵循"日产日清"原则，送到街道指定的附近废品回收站。有害垃圾与专业处理厂对接，交由后者专业处理。其他垃圾也遵循"日产日清"原则，送到附近的垃圾中转站。建筑垃圾、无法留用的绿化垃圾则与相关部门对接进行专项处理，西山庭院内的绿化垃圾由绿化养护供方负责清运。

经过逐步完善，西山庭院垃圾就地处理对象主要聚焦厨余垃圾和园林垃圾。通过黑水虻幼虫消化厨余垃圾，堆肥处理园林垃圾，实现了废弃物的减量化与资源化。

（二）可视化的碳减排

1. 西山庭院碳减排举措

垃圾分类不仅能够有效减少后端垃圾处理量，减少用于垃圾填埋的土地利用、垃圾焚烧产生的污染物，同时也可以有效使垃圾资源化，回收再生制成新的产品。可以说垃圾分类并不只是简单地区分出不同垃圾，同时也意味着各自相对应的处理方式。在西山庭院试点探索中，厨余垃圾使用黑水虻实现社区内处理，园林垃圾通过堆肥也可在社区内处理，可回收垃圾送至资源再生中心，后续可再生为同类产品或其他品类产品，其他垃圾则由后端焚烧处理。

西山庭院的垃圾分类工作实现了有机废弃物的就地处理和使用，实现了可回收物的循环利用，相较于原有的垃圾处理方法，不但在垃圾收集、运输、处理过程中减少了碳排放，而且垃圾资源化减少了产物再生产过程中的碳排放，对社区碳中和起到明显的积极作用。

厨余垃圾、园林垃圾处理全流程中涉及的收集、运输、处理过程都会产生碳排放，采用黑水虻和堆肥就地处理社区有机废弃物后发生的碳减排情况如下：

以往的园林垃圾、厨余垃圾由电动车收集至垃圾房，再转运至垃圾中转站，后由柴油车将垃圾从垃圾中转站运至大工村，最终进行焚烧处理。

采用堆肥和黑水虻就地处理有机废弃物的方式减少了将这些垃圾由垃圾房运输至垃圾中转站的电力消耗与由垃圾中转站转运至大工村造成的燃油消耗，同时也避免了垃圾焚烧时使用助燃剂、柴油等产生的碳排放。不可否认，园林垃圾堆肥过程中会排放出少量甲烷和氧化亚氮，但同时可产生有机肥，这就避免了等量化肥的生产，可以实现一定的碳减排。黑水虻培育、处理过程中也会产生一定的电力消耗，但黑水虻处理厨余垃圾后可产生有机肥和鱼食，避免了等量化肥和鱼食的生产，同样可以实现一定的碳减排。

2. 垃圾分类碳减排成果

为清晰呈现社区层面垃圾分类与就地化处理对碳减排的贡献，万科公益基金会邀请专业机构碳阻迹对西山庭院相关行动进行了碳减排记录和测算。

经测算，西山庭院可回收物全部进入回收系统，年减排量28.01t CO_2e，平均每吨减排77.93kg CO_2e。一年减排量相当于种了280棵树或一人少开6年车。

小区内园林垃圾堆肥处理，年减排量为1.96t CO_2e，平均每吨减排29.42kg CO_2e。一年产生的有机肥代替等量产品的减排量约为39.3t CO_2e。一年减排量相当于种了19.6棵树或一人少开158天车。

黑水虻处理厨余垃圾，年减排量为1.93t CO_2e，平均每吨减排65.85kg CO_2e。一年产生的有机肥和鱼食代替等量产品的减排量为1.2t CO_2e。一年减排量相当于种了19.3棵树或一人少开155天车。

六、思考与总结

实现碳中和需要双管齐下——减少碳源，同时增加碳汇。人类社会生产生活中产生了各种各样的垃圾，垃圾本身就是从各种物质资源中凝练而来的，若不加以分类统统付之一炬，不仅原本该被利用的资源没被利用起来，还增加了环境消纳的额外负担。

西山庭院垃圾分类从源头解决了垃圾处理难题，采用黑水虻处理厨余垃圾、园林废弃物堆肥处理，实现了社区内有机废弃物的就地处理，处理过程中产生的黑水虻老熟幼虫可作为饲料，堆肥肥料可用于小区土壤的改良，将有机废弃物变废为宝。可以说，西山庭院为社区有机废弃物循环提供了一整套的解决方案。万科社区对垃圾分类的推广，见证着万科对商业可持续解决方案的探索。在西山庭院垃圾分类探索历程中不难发现，可持续社区建设必须通过各相关方通力协作、共同贡献，才能推进对碳中和的不懈追求。

综合当下各地状况，社区垃圾分类综合管理依然面临着技术、意识等方面的不少挑战：大量社区尚未实现垃圾分类，因循旧路混合收集；焚烧式或填埋式处理不仅存在污染自然环境进而影响人类健康的安全隐患，也是对碳中和进程的阻挠。社区垃圾分类的核心在于居民具备低碳生活意识，以及践行垃圾分类的主观能动性，这是社区层面追求碳中和的关键所在。在各类社区垃圾就地处理经验不足、自身能力有待提高的现状下，社会中缺乏公益力量和技术团队支持，零碳社区探索略显力不从心。

以上种种挑战让我们明白：社区碳中和之路道阻且长，但西山庭院已有的行动探索及宝贵经验也告诉我们——行则将至。

第五节　社区厨余垃圾的价值再生

垃圾分类之后，小区垃圾房变得整洁、干净，再也不臭烘烘的了，厨余垃圾变成肥料，让小区的植物也长得特别好。

——王家塘街 12 号院居民王叔叔

一、缘起——厨余垃圾的处理难题

伴随经济和社会的快速发展，生活垃圾成为一个急需解决的严峻问题。垃圾的处理在收集、运输、末端处理等各个环节都会存在碳排放，例如，将垃圾从小区收集点运输至中转站，再转运至末端处理中心这一过程中会消耗能源，产生二氧化碳，尤其是随着城镇化的推进，垃圾末端处理中心与前端距离越来越远，运输距离也相应增加。此外，垃圾末端处理过程中也会排放二氧化碳和其他温室气体。世界银行《垃圾何其多》报告指出，目前，全球近 5% 的碳排放来自废弃物处理，且未包括运输收集过程中的碳排放。

根据中国再生资源回收利用协会与中国环境卫生协会及相关领域内专家在 2016 年的调研，我国大约有 56% 的生活垃圾为厨余垃圾。厨余垃圾具有有机质成分高、含水率高、容易腐烂的特点。因此，厨余垃圾在进入填埋场后，随着有机质发酵，填埋场将产生温室气体甲烷，同时厨余垃圾热值偏低，在焚烧处理时需要添加助燃剂，不仅导致焚烧成本增高，而且增大了二氧化碳排放量，将抵消焚烧过程中能源回收的碳量。

如果能够把厨余垃圾从居民生活垃圾中分离出来，纳入循环利用和资源化利用轨道，就能大大减轻末端处理面临的环境与社会双重压力，减少市政垃圾运输、处理量，进一步减少垃圾收集、运输、处理环节的碳排放，并且通过厨余垃圾的资源化利用，将产生的肥料运用到土壤改良，可以促进植物生长，增强土壤和植物的固碳能力。

2017年3月，社会组织成都根与芽环境文化交流中心（以下简称"成都根与芽"）选点成都市青羊区八宝街社区王家塘街12号院，开展厨余垃圾源头分类、就地处理的分散式堆肥模式试点。目前，已解决堆肥带来的臭味和蚊虫等问题，达到了城市居民对清洁、健康、无害化处理易腐物的要求，在居民中有较高的接受度。成熟肥已用于小区园林种植，并且带动了其他小区开展此项工作。

二、行动开始时的社会背景

（一）宏观政策

2020年9月22日，习近平主席在第七十五届联合国大会一般性辩论上提出，中国将提高国家自主贡献力度，采取更加有力的政策和措施，二氧化碳排放力争于2030年前达到峰值，努力争取2060年前实现碳中和。

2021年3月11日，十三届全国人大四次会议通过的《中华人民共和国国民经济和社会发展第十四个五年规划和2035年远景目标纲要》提出，"十四五"期间单位国内生产总值二氧化碳排放要降低18%。

（二）城市政策

2010年，成都市开始试点垃圾分类；2017年3月，《生活垃圾分类制度实施方案》颁布后，46个城市先行实施生活垃圾强制分类，成都市位列其中。紧接着成都市在2018年4月出台《成都市生活垃圾分类实施方案（2018—2020年）》，将垃圾分类的工作任务分解到不同部门。2021年3月，《成都市生活垃圾管理条例》正式实施，成都市垃圾分类工作进入强制阶段。整体来看，成都市近几年来在垃圾分类工作上政策支持力度增大，但还有很大的提升空间。

（三）试点启动背景

2016 年，成都根与芽负责人受邀去印度班加罗尔考察，发现班加罗尔在小区层面集中开展的厨余垃圾就地堆肥模式，对中国城市解决厨余垃圾问题具有重要的借鉴意义；并与同行的时任四川大学教授的张雪华达成共识，回到成都选点复制该模式。

（四）试点小区背景

八宝街社区位于成都骡马市中心区域，主城区一环内，绝大部分是老旧院落，常住人口 14725 人。随着城市发展，社区内的商业形态、居住人口构成发生了变化，社区内店铺、餐馆、综合性商业体、休闲场所增多，居住人口的流动性增大，租住户、务工人员增多，社区关系也较为复杂，垃圾处理工作存在产量大、成分杂、清运任务重的特点。在 2017 年 3 月成都根与芽正式开展厨余垃圾就地资源化项目之前，该社区的垃圾混合投放，由市政环卫系统清运至填埋场或者焚烧厂处置。

三、期望解决的问题

成都市常住人口达到 2000 多万人，日均生活垃圾处理量已从 1.03 万吨增长到 1.65 万吨，年均复合增长率达到 9.8%。成都市居民生活垃圾主要包含纸类、塑料类、金属类、玻璃类、生物有机质等，其中生物有机质主要由绿化垃圾和饮食产生的餐厨垃圾构成，这类垃圾占比最高，导致成都市生活垃圾含水率高、热值较低，增大了后端处置的碳排放量。

虽然成都市已经进行垃圾分类试点多年，但由于后端分类收集、分类处理系统一直未完善，居民前端也未普遍形成分类投放的习惯，因此，目前仍然呈现混合投放—混合收运—混合处理的状况。

四、四个阶段实现堆肥试点自主运行

试点工作于 2017 年 3 月启动，分为四个阶段。第一阶段（3—6 月）目标为宣传动员，在实现居民有效分类的基础上尝试开展小区堆肥；第二阶段（6—7 月）目标为解决堆肥过程中出现的技术问题；第三阶段（7—12 月）目标为根与芽逐渐退出小区，实现小区自主管理；第四阶段（2018 年 1 月至今），小区自主管理，并将该模式应用至其他条件合适的社区。

第一阶段，根与芽在王家塘街 12 号院开展垃圾分类动员活动，包括开展垃圾分类宣传活动，发放厨余垃圾收集桶，并在小区门口对住户进行了为期一周的点对点宣传。项目成员每日在两个时间段（8:00—10:00a.m.，6:00—8:00p.m.）驻点，对居民的垃圾分类行为进行引导及监督。驻点工作的前五天，进行分类投放的居民数量显著上升，之后分类率维持在 80% 以上。

第二阶段，堆肥过程中出现了一系列技术问题，包括发臭、蚊虫滋生、无法实现良好升温、湿度过大等——问题出在堆肥容器上。为了节约费用和旧物利用，项目一开始采用改造的工业废旧塑料桶作为堆肥容器。但是从原材料来说，通气性很差，容易改变堆肥的环境使其成为厌氧堆肥，结果产生发臭、蚊虫滋生、不能升温和湿度过大等问题。针对出现的问题，项目成员及时进行调整，具体调整措施为增加树叶添加量，将塑料堆肥桶改为多孔砖修建而成的堆肥池，增加堆肥体的通风性和氧气量，使用粉碎机粉碎园林垃圾增加干物质，改变堆肥体的湿度、含水量等。应对措施取得了较好的效果，堆肥基本能实现正常发酵升温，堆肥区无异味、少量蚊虫，居民可接受。成熟肥一部分作为添加剂重新用于堆肥，另一部分混合土壤用于园林绿化。

第三阶段，根与芽工作人员逐步退出小区堆肥管理工作，小区物业管理人员赵从清逐渐接手，负责全部堆肥工作。2017年9月开始，根与芽每月支付赵从清800元劳务费，并且派工作人员不定期到小区指导工作。

第四阶段，成都根与芽完全退出该试点，由小区自主管理。2018年之后，成都根与芽将这一模式应用至多个城乡社区及学校、公园。

五、影响行动成果的关键因素

1. 行动的参与者

社区基层管理组织（社区居委会）：项目的实施为其带来工作亮点，达成部分政绩要求（作为成都市首个进行厨余垃圾就地处理的项目，为政府要求的创新型工作提供了案例），为社区动员工作减负，促进社区和谐。同时，由于社区居委会也是政府在最基层的代理人，他们的参与使得项目更为可信，而且居委会能在社区链接党员、积极分子，提供空间，调配人员，还能起到将项目推荐到街道或区级政府、扩大影响面的作用。

居民：开展垃圾分类使得居民居住的小区卫生状况改善，减轻了处理部分垃圾（主要是绿化垃圾）的费用。小区得到了社会肯定，居民的主观能动性更强，对小区更有归属感，是项目重点影响对象。此外，他们对分类行为的具体实施有重要作用，同时比较认可分类和实施机构。

物管公司：垃圾分类取得效果后，在园区清洁卫生管理上有积极影响，居住环境品质得到提升，物管工作得到了来自政府和居民的肯定，同时会得到来自媒体的报道，增加其工作亮点。在有物业管理的小区他们比较重要，同根与芽也有良好的合作关系，接受分类工作的开展，积极配合。

小区院落两委（党委/院委）：项目的开展丰富了其组织建设工作，让他们感受到国家的分类政策是落实到基层的，自己也起到了榜样作用，是项目执行的优秀伙伴。

环卫公司、保洁和清运工：在试点小区能感受到工作环境得到了一定改善，特别是减少了厨余垃圾的成分，垃圾袋不再有渗水和气味。虽然在本阶段他们对分类工作的实际作用有限，不过其主观感受的转变对项目的宣传有积极作用。

社区自治组织：通过项目实施，他们逐步掌握了在社区开展活动或者实施一个小项目的能力和知识，提高了自我效能，成为根与芽垃圾可持续管理项目的得力助手——不仅是社区优秀代表，同时也是机构的社区环保讲师，起到了示范带头作用。而且他们有较强的执行力，对项目的可持续发展有重要作用。

2. 一定的激励措施

向小区居民配置厨余垃圾分类桶。

向小区物管公司配置处理绿化垃圾堆肥工具。

对小区垃圾分类宣传员、堆肥管理员、监督员进行补贴。

3. 给垃圾找到"家"

可回收物、有害垃圾由有资质的回收公司进行统一回收，回收期间由小区环保小组成员（门卫或者小区负责人）进行统一管理。

厨余垃圾经居民分类后，由物管公司通过堆肥的形式进行处理。

其他垃圾由环卫保洁公司进行统一回收。

4. 数据反馈很重要

可回收物、有害垃圾由回收公司在每次清运后进行数据的反馈，每月一次。

厨余垃圾的处置量由小区环保小组成员进行记录，主要在街道办每次清运前进行，每天一次。

其他垃圾根据环卫工清运情况由小区环保小组成员进行记录。

5. 持续反复的宣传

撤桶并点，统一小区垃圾投放位置，增设醒目的垃圾分类标识物、宣传牌；在各个楼道、小区/社区公共活动空间张贴垃圾分类宣传内容；制作垃圾分类操作说明单，发放给所有居民；在项目实施过程中，定时将垃圾分类的成果通过海报、传单、照片等形式展示给居民。

6. 发掘培育居民骨干

在项目实施过程中，挖掘小区中对垃圾分类和环保感兴趣的居民，通过活动的开展提升这部分居民的环保技能和环保意识，使其能够协助处理、开展小区中关于垃圾分类和环保的事情。主要由小区责任人担任组长，居民积极分子作为成员一起在小区中不断通过他们的行为影响更多的居民。

六、取得的成果

1. 全员参与

王家塘街12号院的垃圾分类活动从最开始的10户居民参与逐渐影响扩大到80户居民（小区总户数89户）参与，同时还影响到周边的一个小区进行家庭生活垃圾分类，将餐厨垃圾进行就地处理；另一个高层物业小区的物管公司受到影响，在其管理的小区进行绿化垃圾分类和堆肥处理。

2. 分类准确率变高

王家塘街12号院进行整个小区餐厨垃圾的堆肥，2017年11月至今，每天的厨余量平均为28千克。加入的绿化量和腐质肥量的重量按照厨余量：绿化量：腐质肥量=20：4：1的比例计算，整个堆肥的出肥率为20%。

3. 厨余变肥料

累计至2020年12月，堆肥工作运行42个月，减少餐厨垃圾及绿化垃圾总量约 42 吨，产出肥料约 8.4 吨。以王家塘街 12 号院为试点，2018 年之后，成都根与芽将这一模式应用至多个社区，其中与万科公益基金会合作的九龙镇垃圾管理项目所落地的试点社区——遵道社区，处理量最大，每日处理厨余垃圾约 150 千克，年资源利用总量达到 54.7 吨。

王家塘小区餐厨垃圾分类收集点

堆肥所形成的有机腐殖质

七、思考与总结

八宝街的案例说明了厨余垃圾就地资源化处理是一个比较好的解决城市垃圾问题的方法，在改良城市土壤、减少末端垃圾处理量、减少垃圾处理碳排放方面具有积极的成效。这一就地资源化处理模式，首先使占比 50% 以上的厨余垃圾能在小区或者社区进行就地处理，减少了运输环节的二氧化碳排放，其次使超过一半的垃圾没有被送去焚烧和填埋，不仅有利于降低后端处理的环境污染风险，而且也减少了后端垃圾处理的二氧化碳排放。八宝街试点取得的成功，吸引了全国各地的社区、组织参访学习，并将这一模式纷纷应用至自己的社区。成都根与芽在 2018 年之后将这一模式复制推广至其他社区、学校、公园等场所，但是如何解决运营过程中的费用问题，依然是成都根与芽面对的一个挑战。成都市政府并没有像班加罗尔政府那样强制要求集中式小区自己解决厨余垃圾，所以居民并没有压力和急迫感。如果社区没有将厨余垃圾就地处理作为主动的选择，堆肥的持续管理就成为一个难题。

但随着中国制定了清晰的减碳目标，做好碳达峰、碳中和工作成为中国目前长期的重点任务，中国社会将进行能源结构、社会经济绿色低碳转型。垃圾处理低碳化和可持续将是实现碳中和目标的重要一环，厨余垃圾就地资源化的广泛运用就有助于此。

第六节　垃圾分类中的社区内生力量

一、现状

2019年7月1日，《上海市生活垃圾管理条例》正式实施，一时间"你是什么垃圾"成为公众热议的话题，大量媒体争相报道，很多综艺节目也都植入了相关内容，垃圾分类得到了前所未有的关注。近三年的时间过去了，上海也不负所望，公开数据显示：与2019年相比，2020年上海全市"四分类"垃圾量实现"三增一减"目标。其中，可回收物回收量达到每天6375吨，同比增长57.5%；有害垃圾收运量每天达2.57吨，同比增长3倍多；湿垃圾收运量为每天9504吨，同比增长27.5%；干垃圾处置量每天约1.42万吨，同比减少20%。

很多人觉得，上海垃圾分类工作能够取得这样的成果要归功于这次法规的实施，作为一个从事垃圾分类工作十年的机构，爱芬环保认为：确实，立法起到了非常重要的作用，但同时，更多社会力量的参与、十多年的试点探索也为法规内容的确定和成功实施奠定了坚实的基础。本节就将以一个立法前成功试点垃圾分类的小区为案例，讲述城市社区垃圾分类推进过程中的一个关键——社区内生力量。

二、缘起

十一年前的 2011 年，上海发起了"百万家庭低碳行，垃圾分类要先行"市政府实事项目。当时希望通过这一项目的实施，向上海市民提供一个树立低碳理念、培养绿色习惯、从点滴小事做起、立足长远的环保实践平台，广泛动员和引导社区百万家庭为城市生活垃圾减量化、资源化、无害化打下坚实基础。而究其根本，主要是因为上海当时面临着和许多国内外大城市一样的问题——垃圾越来越多（当时上海每天要处置的垃圾已经突破 2 万吨，处置方式以填埋和焚烧为主），而混合垃圾无论是被填埋还是焚烧都会对环境造成污染并排放大量温室气体，过程中很多可以回收再利用的资源也被浪费了。

在了解到这些信息和情况后，几位普通市民一同创办了上海静安区爱芬环保科技咨询服务中心（以下简称"爱芬环保"），希望可以通过团队的努力，协助解决城市生活垃圾问题。2011 年 7 月，爱芬环保在上海市静安区宝山路街道的扬波大厦与街道办事处一起开展了上海第一个垃圾分类试点，经过了半年多的筹备和实施后，取得了非常好的成果，居民自主参与率达到了 90%，也得到了政府相关部门的认可，被誉为"扬波模式"，还成为当时上海垃圾分类"三大模式"之一。本节接下来要介绍的案例，是总结了扬波大厦经验后试点的第二个小区，近十年的时间过去了，这个小区垃圾分类的情况还一直保持得相当好。

三、历程

（一）案例社区档案

名称：广盛公寓。

属性：商品房，2002年建造。

规模：3幢多层、1幢高层，143户居民。

试点开始时间：2012年5月开始筹备，9月居民正式开始垃圾分类。

垃圾减量情况：超过50%（指减少填埋和焚烧的垃圾量，按照垃圾分类后湿垃圾的分出量占干湿垃圾总量的比率进行计算）。

特点：由业委会、社区党支部、居民积极分子、物业保洁等组成了一支小区内的志愿者团队，深入参与到小区垃圾分类工作中。

（二）实施步骤

2011年扬波大厦垃圾分类试点的成功，给了各方极大的鼓舞和信心，爱芬环保的团队也想把扬波大厦的垃圾分类经验总结并复制到其他小区。跟当地的街道办事处沟通后，发现大家都有同样的想法。于是，2012年年初，宝山路街道就组织了辖区内其他条件尚可的小区居委、业委、物业一起到扬波大厦参访，扬波大厦的业委会、街道办事处和爱芬环保一起进行了讲解和分享。看到因为垃圾分类，扬波大厦整体环境得到改善、社区治理也得到提升，广盛公寓的业委会主任龚伟龙主动表示希望在自己的小区也开展垃圾分类，于是爱芬环保的第二个试点开始了，"扬波模式"可复制性的验证也开始了。

试点小区确定后，各相关方（包括街道相关职能部门、小区居委会、业委会、物业，以及爱芬环保）聚在一起召开了筹备会。有了第一个试点小区的成功经验，第二个小区垃圾分类的方案和推进工作也更为顺利，各相关方的态度也更加积极、信心也更足了。会上还对各方的职责进行了分工，时间也做了部署：从5月开始进行筹备，9月正式开始执行分类，12月进入维持阶段。

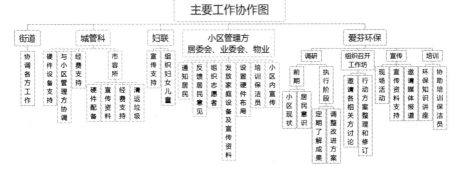

筹备阶段确定的分工协作图（政府部门的名称目前已有所调整）

1. 筹备期主要工作

1）社区调研

小区业委会、物业与爱芬环保一起给每户居民发放了问卷，调研居民对垃圾分类的了解程度、是否支持垃圾分类、平时什么时间扔垃圾以及询问是否愿意成为小区的环保志愿者（回收问卷后，对愿意成为志愿者的居民还上门进行了深入访谈和动员），同时对小区的垃圾产量、垃圾相关的硬件设施进行了了解。

2）成立工作小组

经过各方的动员，最终成立一支十多人的志愿者团队，由业委会成员、小区党支部成员、居民积极分子（通过调研问卷招募到一部分）等组成，这些人都是小区的业主，这一点是在扬波大厦经验上的一个突破——扬波大厦的志愿者一开始主要以小区外部人员为主，广盛公寓在筹备阶段就成功组建了由小区业主组成的团队。

3）人员培训与宣传动员

工作小组成立后，爱芬环保给这个团队进行了培训，包括为什么要做垃圾分类、垃圾怎么分类以及如何在小区内推动垃圾分类，着重介绍了扬波大厦的经验。了解到这些信息后，工作小组在爱芬环保的陪伴和街道职能部门的支持下进行了具体实施方案的确定、宣传品的制作布置,并召集了大部分业主进行了多轮培训,几乎让每户居民都了解了垃圾分类的意义。

4)硬件调整

通过对小区现有垃圾相关设施情况的分析,经过多方协商,最终决定将小区内原有的一个垃圾箱房和一个投放点进行改造,使其能够满足垃圾分类的要求(有分类桶、清晰的标识、足够的照明、上下水等),费用由区和街道的相关部门支持,对居民的告知和协调工作由业委会、居委会、物业负责,标识等宣传品由爱芬环保协助业委会制作。

2. 执行期主要工作

经过较为充分的前期筹备工作,为了更稳妥地进入实施阶段,经过业委会、志愿者、物业共同讨论,决定从 8 月 15 日开始先进行 10 天的试运行,试运行结束后如果顺利再进入正式的实施阶段。

放在小区门口的倒计时白板

1）启动仪式

试运行开始前，静安区绿化和市容管理局也给每户居民准备了一个湿（厨余）垃圾桶，爱芬环保团队借着发放垃圾桶的机会，在小区开展了一次垃圾分类启动仪式，让每户居民都来领桶，领桶的时候由志愿者面对面地给居民又进行一轮宣传（在家如何分类、到小区如何投放等）并告知垃圾分类试运行的开始时间。

2）值班督导

8月15日一早，爱芬环保团队和小区志愿者一起，在扔垃圾的高峰时间段（通过调研问卷了解）到垃圾箱房前值班，值班的主要工作就是指导垃圾分类还做得不好的居民进行准确分类，鼓励做得好的居民并进行记录，以及回答居民的一些困惑。

3）例会制度

试运行开始一周后，召开了第一次志愿者例会，例会上志愿者们反馈了值班过程中遇到的各种问题并交流了解决办法，同时大家也都反馈了居民的参与度越来越高，做得也越来越好，给了大家很大的信心，都觉得小区的垃圾分类能够做好，并一致决定试运行结束后继续保持，进入正式分类阶段。

4）社区激励

小区正式进入垃圾分类阶段后，除了早晚高峰时间段的值班，志愿者们还制作了居民垃圾分类激励表，把记录到的做得好的居民户号以打五角星的方式记录在表格里并张贴到楼道。每周会出一份"广盛公寓垃圾分类简讯"，让居民了解到小区整体垃圾分类的情况和进展。分类开始一个月左右，正好到了中秋节，于是爱芬环保就筹办了一场以垃圾分类为主题的小区中秋晚会，晚会还邀请到了小区里面住着的一位上海说唱老艺术家（也是在筹备阶段调研时发掘到的）参与，专门为垃圾分类创作了一段戏剧，创作的部分内容取自小区开展的垃圾分类工作中的一些故事，效果非常好。

3. 维持期主要工作

1）总结评估

经过三个月左右的持续推动，小区的垃圾分类情况逐步稳定。通过复旦大学环境科学与工程系可持续行为研究课题组的调研，爱芬环保了解到：有90%的居民能够自主进行垃圾分类，其中86%的居民在投放湿垃圾时进行除袋；在第二个月的时候分出的湿垃圾的重量已经超过了干垃圾；有更多干净的可回收物被分类出来（未分类前混合垃圾中的可回收物被湿垃圾污染，导致无法进行回收再利用），直接由小区保洁员进行变卖，一方面增加了保洁员的积极性，另一方面使每日需要环卫清运的垃圾量（湿垃圾和干垃圾的总量）有所减少。

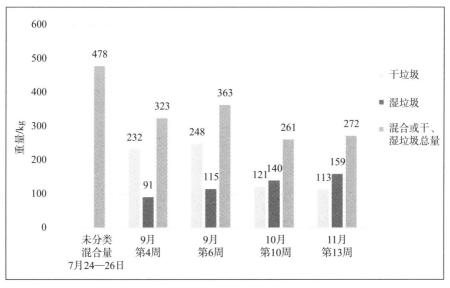

垃圾分类推进效果

2）制度建设

分类情况稳定后，小区的垃圾分类工作就进入了维持阶段，为此各相关方又进行了一轮讨论，确定了小区垃圾分类的管理制度：志愿者早晚值班调整为巡视，每天轮流进行一次巡查，不用站在垃圾箱房边值守，发现解决不了的问题及时反馈给业委会、居委会或街道相关部门；对新入住的业主、租户，由物业或业委会进行告知；物业保洁也将垃圾分类的相关工作纳入了固定工作，比如，对少数投放错误的垃圾进行二次分拣，定时将分类好的垃圾运到垃圾车的收运点，定时清洗垃圾箱房、垃圾桶，以保证居民分类投放垃圾时有一个清洁的环境等。

四、经验总结与推广

现在，十年时间过去了，广盛公寓的垃圾分类情况还是保持得非常好，这样的成果离不开实施过程中各方的努力，其中动员出的社区内部力量起到了非常大的作用，他们会在爱芬环保这样的外部力量撤出后继续维持好小区垃圾分类的成果，并且不断想出一些方法来解决遇到的问题。这样一个143户的居民小区，形成的志愿者团队里就有国企的老干部、曾经的企业领导、退伍的军人、普通的工人，甚至还能找到一位戏曲艺术家：再普通的小区也会藏龙卧虎。

第二个试点小区的成功，证明了有更多的小区是可以做到垃圾分类的，更重要的是爱芬环保发现推动垃圾分类过程中非常重要的着力点，就是带动社区内部力量的参与，长久来看这也是更可持续、更经济的一种方式（相对于只聘请第三方进行分拣或者购买智能设备等需要长期持续投入大量资金的方式）。这也成为爱芬环保之后总结的社区垃圾分类"爱芬模式"中的核心步骤之一，截至2020年年底，爱芬环保已经累计在339个小区（最小的33户，最大的3972户）使用该模式推动垃圾分类工作。

五、未来可期

越来越多的小区开始垃圾分类，一方面减少了需要填埋和焚烧的垃圾量（上海已基本实现原生垃圾零填埋），从而降低了对环境的污染；另一方面垃圾分类对于碳中和的贡献也是不容小觑的，以广盛公寓垃圾分类进入稳定阶段的数据为例，使用碳阻迹研发的"垃圾分类碳计算器"进行计算：平均每天分出约 150 千克的湿垃圾，若进行堆肥处置，可减少排放约 58 千克二氧化碳当量，一年减排超过 20 吨。而这只是计算了一个 143 户的小小区分出湿垃圾后的减排量，未来全国更多地区都开始垃圾分类后，相信一定能为我国早日实现碳达峰、碳中和起到不小的助力。

第七节　城市绿色出行的破局

一、交通：碳中和不能承受之重

中国的消费部门是仅次于工业的第二大能源消耗部门，居民生活能源消费产生的二氧化碳占全国碳排放的 30%[1]，并且呈现不断上升的趋势。加快推动生产生活方式绿色转型，需要通过生活方式绿色革命倒逼生产方式绿色转型。

实现消费端特别是交通部门的碳减排是城市实现碳中和的重要突破口，交通部门为仅次于能源和工业的第三大碳排放部门。据统计，交通领域的碳排放占全国终端碳排放的 15%，且年增速达到 5% 以上[2]。2019 年，

---

[1] 国家应对气候变化战略研究和国际合作中心：《传播干预公众低碳消费项目成果报告》，2019 年 1 月。
[2] 第一财经：《占全国终端碳排放 15%，交通业如何实现碳达峰碳中和》，2021 年 3 月 12 日。

全国民用汽车保有量超 2.6 亿辆，机动车保有量超过 300 万的城市达 11 个。2005 年，交通运输制造了中国全部碳排放的 7.3%，到 2018 年已达 9.4%。在车辆行驶阶段消耗的燃油量占整车全部生命周期消耗的 60%。消费端碳减排的治理迫切需要模式创新，探索建立基于绿色出行的碳普惠激励机制。

交通对于气候变化和空气污染具有双重影响，汽车排放物中除了含有温室气体，还有其他污染物，如碳氢化合物、氮氧化物、一氧化碳等。2021 年，北京市发布的 PM2.5 源解析研究表明，北京市大气 PM2.5 本地来源中，机动车等移动源占比最大，达 46%[①]。

在国民日常出行交通工具选择中，2/3 的公众选择公交，自驾车的比例占 38%[②]，是各种交通方式中占比最低的，但是由于车辆基数巨大，且增速超过城市道路基础设施建设，导致出现拥堵问题，对人体健康、公众生活质量造成影响，也给社会治理带来了巨大难度和成本提升。

关于绿色出行，目前尚未找到学术界公认的标准定义，不过学术界普遍认为其涉及的概念范围广于低碳出行。有研究定义，绿色出行是有益人体健康的平衡式出行，是人们意识到环境问题之后在实现出行目的和减少环境损耗之间的有效兼顾，其根本目的是通过多元化、无污染或低污染的出行来减少交通拥堵，降低污染，实现经济、社会、环境的协调，促进社会公平[③]。还有研究认为，绿色出行行为包括绿色出行方式、绿色出行习惯、绿色车型选择与绿色驾驶习惯四个方面[④]。

---

① 央视网：《第三轮北京市 PM2.5 来源解析正式发布》，2021 年 9 月 7 日。
② 巨量引擎 & 凯度：《2019 国民出行绿皮书》，2019 年 12 月 24 日。
③ 白凯、李创新、张翠娟：《西安城市居民绿色出行的群体参照影响与自我价值判断》，《人文地理》2017 年第 32 卷第 1 期。
④ 尹怡晓、钟朝晖、江玉林：《绿色出行——中国城市交通发展之路》，《科技导报》2016 年第 34 卷第 17 期。

绿色出行普惠平台通过推动绿色出行方式和绿色出行习惯这两个方面来实现绿色出行行为和出行行为绿色转型。其中，绿色出行习惯即绿色出行普惠平台提倡的"停驶行为"——停驶私家车，搭乘公交交通、共享交通、电动车等。

二、减排：从政府到社会力量的"绿色减法"

（一）相关政策

政府在交通领域所采取的一系列节能减排政策主要集中于生产供给侧，且以约束和监管为主。如汽车的排放标准，从2000年的国一排放标准升级到2020年的国六排放标准[①]，是目前全球最严格的排放标准之一，甚至超过欧六排放标准。截止到2019年6月，全国新能源汽车保有量约344万辆[②]，与传统燃油车2.5亿辆的保有量相比，新能源汽车渗透率不到1.4%，尚有很大的成长空间。

在消费方面，北京市政府从2006年发起"每月少开一天车"倡议，到2017年升级为"每周少开一天车"。2017年，交通运输部发布《关于全面深入推进绿色交通发展的意见》，计划到2020年年初步建成布局科学、生态友好、清洁低碳、集约高效的绿色交通运输体系。为落实2018年6月国务院出台的《打赢蓝天保卫战三年行动计划》，北京市启动了"一微克"行动，即为降低每一微克PM2.5而努力。2019年5月，交通运输部等多部委联合发布《绿色出行行动计划（2019—2022年）》，其中包括鼓励对自愿停驶的车主提供配套优惠措施，探索建立小汽车长时间停驶与机动车保险优惠减免相挂钩等制度。

---

① 中华人民共和国生态环境部：《轻型汽车污染物排放限值及测量方法（中国第六阶段）》。
② 人民网—中国汽车报：《交管局公布上半年全国机动车和驾驶人数据》，2019年7月。

（二）聚集社会力量推动公众绿色出行

2016 年，支付宝推出线上参与绿色生活的"蚂蚁森林"，公众的绿色出行，如公交、地铁搭乘行为，会被记录在蚂蚁森林中生成碳积分，这大大推动了公众的绿色出行。五年内蚂蚁森林已累计带动超过 6.13 亿人参与低碳生活，产生绿色能量 2000 多万吨①。

2020 年，北京市交通委与百度地图、高德地图等合作建设运行北京交通绿色出行一体化服务平台，首次以碳普惠方式鼓励市民参与绿色出行。绿色出行获得的碳能量将根据市民个人出行方式和出行里程，依据《北京市低碳出行碳减排方法学（试行）》要求综合计算确定，计入市民个人账户。碳能量既可用于公益性活动，也可在高德地图等平台内兑换公共交通优惠券、购物代金券、视频会员等多样化礼品。2021 年 9 月，高德地图与北京建工旗下市政路桥建材集团签订全国首单 PCER（北京认证自愿减排量）碳普惠交易协议。如下表所示为北京市推动绿色出行的具体行动。

北京市推动绿色出行的具体行动

参与主体	细分情况		具体行动
北京市政府	政策环境		发布《2020 年北京市交通综合治理行动计划》
	基础设施	轨道管网设施	推进地铁线路建设，优化调整公交线路
		道路建设	整治、建设连续步道和自行车道，推进城市主干路、快速路、次干路、支路及快高速公路建设
		智慧交通	建设交通大数据资源共享平台、交通综合决策支持和监测预警平台、停车资源管理与综合服务平台
		停车设施	公共建筑停车设施有偿错时共享，落实以视频设备管理为主的停车收费设施改造
		交通秩序管理	建设开通交通违法行为市民举报平台，严厉打击交通违法行为

---

① 蚂蚁集团彭翼捷：《"高认知低参与"的绿色低碳行为困境正在被数字平台打破》，2021 年 9 月。

续表

参与主体	细分情况	具体行动
企业	高德地图、百度地图	参与北京交通绿色出行一体化服务平台的建设运行，推出绿色出行碳普惠激励措施，鼓励市民全方式参与绿色出行，培养绿色出行习惯
	支付宝（蚂蚁森林）	通过用户行走步数和公交费用计算减少的碳排放量，鼓励用户绿色出行
民间组织	根与芽	开展"无车日"宣传，开展绿色出行教育活动
	中国民促会	成立绿色出行基金

生态环境部环境与经济政策研究中心课题组发布的《互联网平台背景下公众低碳生活方式研究报告》显示，互联网打造了人人可参与的绿色低碳行动平台。每4个中国人里就有一人用手机办事，在减少不必要出行的同时，也避免了纸张浪费；每天有3.5亿人次选择公共交通出行，共享单车、网约车平台覆盖全国；超过1亿人网购绿色商品，旧物回收、闲置循环成为新潮流。

三、绿普惠：绿色出行的破局与新生

近年来，行为经济学领域兴起的"助推力"（nudge）概念指出，提供助推能够有效弥合消费者认知和行为之间的差距[①]。助推力不需要提供显著的经济激励，在加大宣传教育力度提高消费者认知之外，通过一系列激励手段助推消费者的行为发生实质性的转变也不可或缺。

（一）绿色出行的微激励机制

微激励包括两层含义：一是指作用于微观个体层面；二是指激励方式为成本较小的助推力。

绿色出行普惠平台（以下简称"绿普惠平台"）是一个旨在改变消费

[①] Thaler R.H and Sunstein C.R., *Nudge: Improving Decisions About Health, Wealth, and Happiness*, Penguin Books, New York, NY, USA.

者行为的平台。它在不改变消费者可选择范围的情况下，通过设置微小激励引导消费者做出对社会有利的行为选择。具体而言，绿普惠平台给予私家车主停驶行为一定的积分奖励，借助累计积分兑换奖品的机制，驱动车主出行行为绿色转型。然而这种机制是否能够真正推动消费者绿色出行尚未可知。

个人是否选择绿色出行受到其认知态度、个体特征、社会供应系统和生产供给组织结构等多种因素共同影响，即不仅受个人属性的影响，还取决于供给系统等外在条件。其中，供给系统即影响私家车主出行行为的制度、资源等外部环境条件的集合。

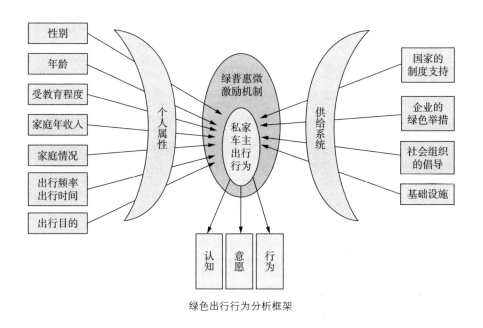

绿色出行行为分析框架

绿普惠微激励机制依托于面向私家车主的数字平台，评估车主的出行行为碳减排量，并据此给予用户成本较小的积分与奖励。根据奖励方式，微激励机制可分为物质奖励型机制和非物质奖励型机制。物质奖励包括节能型产品、优惠券类奖品等。非物质奖励包括助力环保组织的公益行为、证书类奖品等。消费者在这些物质和非物质奖励的激励下，践行绿色出行行为的积极性将大大提升。

绿普惠平台通过用户调研分析发现，用户在认知、意愿上的得分都集中于高分段，说明调查对象对绿色出行的认知和意愿水平都较高，但是内部存在较大差异，说明调查对象对绿色出行的态度有较大差别。调查对象每月油费支出在500元以上的占比最高，但调查对象间差异较大，指标数值较为分散。同时，70.9%的绿普惠用户出行行为发生了中等和较大程度的绿色转型，显著高于其他类别。在停驶原因方面，调查对象之间差异不大，环保原因占大多数，得分比其他项高。交通拥堵、出行便利性等外部供给因素和绿普惠微激励机制的激励驱动也是调查对象采取停驶行为的重要原因。

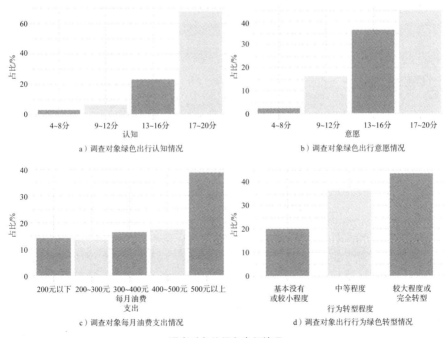

调查对象的绿色出行情况

分析表明在认知和意愿上的单独作用不会对车主的出行行为绿色转型起到显著推动作用，但在微激励机制的作用下，能够助推车主绿色出行。由此推测微激励机制在改善公众实践行为上可以发挥巨大作用，这对于需求侧可持续转型有着重要意义。

不过，微激励机制运行时间短且公众出行习惯根深蒂固。绿普惠平台自 2020 年 6 月 5 日运行至今，微激励带来的对行为的助推作用尚未积累至有显著变化的程度。并且，目前公众对私家车的依赖度较高，在公共交通不发达健全等其他外在因素的限制下，短时间内转变公众驾车出行行为的难度较大。

与此同时，目前平台界面上直接呈现的是对行为赋予积分和物质奖励的激励措施，而缺乏对绿色出行相关知识的普及宣传。如此的布局能够助推用户将目光聚焦于自身出行行为，但同时在一定程度上使用户忽略了绿普惠平台的发布初衷——助力减碳行动的探寻和认识，从而导致绿普惠用户的绿色出行认知和意愿与普通私家车主在某种程度上无明显差异，仅是行为略有改变。

（二）绿普惠平台的具体运转方式

绿普惠平台的目的是通过微激励改变人们出行行为，助推人们减少私家车的使用，最终减少碳排放量。绿色出行分为减少、替代、共享等多个方式，其中减少即停驶。这也符合循环经济的原则，可以更好地提高资源效率，节约资源。出行在机动车使用阶段和消费者行为相关，在碳排放核算中属于直接排放，由此个人行为

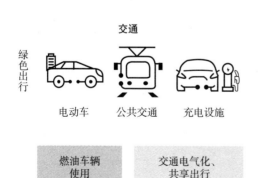

绿色出行中的直接排放（范围一和范围二）

改变引发的减排效益显著。

绿普惠平台针对私家车出行方式，利用物质奖励和非物质奖励相结合的激励手段，为用户建立个人碳交易账户，将用户的绿色出行行为转换为积分，并为达到兑换目标的用户提供相应物质奖励，从而给停驶私家车的行为创造内部化的机会成本，并对污染者进行潜在性收费。用户绿色出行的努力不仅可以兑换奖励，还可以获得为环境保护做出贡献的成就感和参与公益行动的自我实现价值，满足了车主的多层次需求。积分奖励机制提供的微激励包括物质奖励、心理获得和自我实现，这些微激励助推私家车主的行为发生潜移默化的改变，从被物质奖励吸引而加入行动，直至习惯于停驶行为。

在最初版本的基础上，绿普惠平台计划把所有绿色低碳行为纳入其机制，建立一个面向所有个体、推动消费端各方面绿色转型的平台。目前，绿普惠平台正与多地政府合议商讨力主获得政策支持，同时也在与多个NGO合作以完善其奖励机制。绿普惠平台已在四川泸州建立绿芽积分，激励当地居民进行垃圾分类，迈出了领域推广的第一步。由此可见，绿普惠平台的微激励机制适用于多个领域，并且有着极大的研究价值。

（三）绿普惠平台的技术实现

现在各地出现了一些企业或平台开发的互联网绿色普惠产品，通过记录用户的低碳行为，结合线上线下的互动方式，在一定程度上激发了公众践行绿色低碳环保行为的积极性。但由于主要是靠政府支撑，平台运营很难真正形成一个可持续机制。

绿普惠平台在技术实现上依托微众银行"善度"治理框架，"善度"是一种针对善行，实现度量、激励、跟踪、监督机制的社会治理框架。通过善度框架，可对现有的互联网绿色出行产品进行升级优化，一方面，将有望进一步吸引更多的参与方加入，而不仅仅是依赖单一平台的力量，从而构建出行良性绿色普惠生态闭环循环经济，确保用于奖励用户绿色出行行为的碳积分给到个人，中间的发行、分发、赞助、兑换、清结算、监管、审计等过程公开透明，相关记录可随时追溯查证，既能提高多方之间的信任度，又可具备合规要求和公信力；另一方面，善度更鼓励通过激励相容机制，促成更多原本并非刻意行善的人也能达成行善的结果，从而扩大用户的覆盖面，建立更广泛的低碳文明生态。

本案例中，绿普惠平台作为善度框架里的发行者，旨在倡导绿色出行的社会价值观，通过制定标准，确立停驶数据与减少碳排量的换算方法，实施相应奖励品的供需管理，确保绿色出行产品内在价值回报的均衡和稳定。

2018年，绿普惠平台联合多家伙伴共同发起绿色出行联盟，汇聚大量的成员和支持方，例如地铁运营公司、航空公司、保险公司、车企、房地产开发商以及其他关注环保和有社会责任感的企业。这些善度支持者包括公益组织和商业组织，共同的职能都是为绿色出行的践行者提供回报或激励，这些回报或激励包括物质激励和精神激励。物质激励包括但不限于碳积分奖励的发放、相关权益奖品的发放、线下消费商家补贴、免费乘坐地铁等公共交通工具、免费获得相关保险保障和其他权益商品等。精神激励是以非货币形式对践行绿色出行行为的主体进行名誉奖励，属于隐性激励，其优点是能够满足用户获得社会尊重、实现自我价值的需求。精神激励通过发挥示范效应和榜样力量，扩大对绿色出行的宣传效果，既可以让用户践行的减排贡献转化为切切实实的收益，促进公众践行善行善举，提升自身的社会责任感，也有利于强化品牌建设，树立正面形象，实现获客或其他商业价值。

中华环保联合会出具官方、严谨、统一的碳排量计算方法与衡量标准，并负责监督其他机构参与者落实合规、反欺诈和消费者权益保护责任，牢牢守住风险底线。

善度终端用户则是认可绿色出行方式的车主们。在平台相应出行记录下，终端用户的绿色出行行为得以证明，也因此可获得相应的奖励。新版本引进了更多参与者，也将引入区块链技术，并拓展上线新能源汽车、地铁等更多种交通方式下的绿色出行场景。

随着更多参与者角色的接入，善度监管者的内涵将进一步扩展，除了环境交易所，其他的金融、交通、政务、审计、司法、基金会、环保组织等机构也可根据实际需要接入，进行穿透式的监管、指导、裁决和审计等；善度清结算服务提供者可以由持牌银行机构承担，提供各项账务、资金或收入相关的清结算服务，进行相关资金的账户托管，并面向其他机构参与者角色执行KYC认证和反洗钱义务；随着支持者和奖励品的多样化，善度分发者可根据用户的减排量贡献，将其先转换成对应的碳积分并发放至个人绿色账户中，终端用户再根据其碳积分数量自动选择、兑换或抽取相应的奖励品或服务。因此，善度框架可通过价值或利益激励手段覆盖更广泛的人群，即使并非每个终端用户都有心刻意地减排或行善，但对整体社会而言最终确实实现了减排或行善的有利结果。

而在引进区块链技术之后，所有的兑换记录或相关文件的哈希值都可被记录在联盟链账本中，流程透明可信可查，而监管者作为监管节点接入可以同步获得所有信息，便于未来进行监管或审计。据此，通过以上参与者角色和运作流程的设计，用户的绿色出行行为被互联网和车联网设备记录并通过碳排量精准度量（度量机制）；各参与者各取所需，既实现了价值共赢，又达到了倡导低碳价值观的结果（激励相容）；产品借助区块链技术的不可篡改、全流程可追溯、多方共识等特性，可满足监管审计要求，兼顾创新与风险平衡（合规治理）。

在整个过程中，基于善度框架的绿色出行案例作为对绿色出行这个微小而持续的文明行为正反馈，可以增强用户对绿色出行方式的兴趣，激励用户改变生活习惯，践行减排行为，逐步引导企业和用户自主进行碳中和。

（四）多方合作共建绿普惠平台

平台成立之初，是以绿色出行中的停驶行为为主要激励的，但如果只有一个停驶的场景，则覆盖面太窄。特别是 2020 年 9 月中国提出的"2030 碳达峰、2060 碳中和"的双碳目标，给绿普惠平台带来了更大的机遇。

目前，绿普惠平台已经改进为针对各种社会生活场景，如绿色出行、垃圾减量回收，与消费者的出行行为紧密联系，但很多场景还没有具体的方法学，需要容纳进来，对行为进行研究，测定碳排放系数，界定范围划定。而对于绿普惠的个人端碳减排，设计不能太过于复杂，平台和中华环保联合会绿色循环普惠专委会合作建立消费端减排行为标准，平台进行碳减排量化，记录和发放碳积分，建立减排碳账本，实现个人、企业、城市的减排可追溯、可量化。

平台前期运营记录停驶行为需要安装设备，所以用户比较少，运营比较麻烦，而且又由于疫情影响，这样的模式可行性降低了，因此推进得不是很顺利。现在已经改进为和各大汽车制造厂、出行平台合作打通数据。此外，为保证平台数据的公众性和保护用户隐私，绿普惠平台在网信办主管的中国互联网发展基金会下成立专项基金，支持方法和工具的开发。企业负责平台的运营，实现可持续性。

激励机制也在实现商业、公益、金融、政策四驱的发展，以前激励是由企业提供的，比如保险公司，今后还包括政府提供的权益类消费奖励、公益组织的活动、金融领域的绿色债券等。公众的驱动力不尽相同，绿普惠平台让参与的公众自发选择。

绿普惠从最早的停驶场景奖励平台到现在的全场景生活服务奖励平

台，对每个用户的绿色行为都进行全面的记录，发放奖励。个人行为随着互联发展可以联系起来，且个人可能拥有多个平台的减排数据，绿普惠需要做的是把每个人的各项行为进行汇总，得到更多商业企业和政府层面的认可，对消费者给予正向激励反馈，形成闭环，实现碳减排目标。全民参与碳减排的政府、企业、个人关系如下图所示。

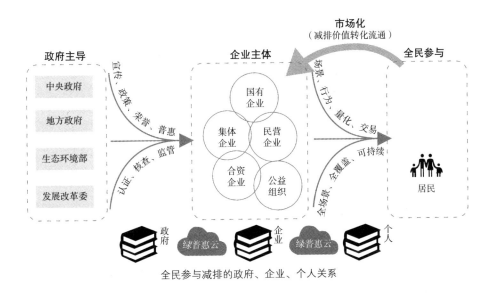

全民参与减排的政府、企业、个人关系

第八节　清洁取暖开启地球去暖

一、引言

在居民日常生活中，取暖是个人碳足迹较高的活动，在个人碳排放中平均占比约15%。在中国陕北农村，村民冬季取暖多采用传统方式，燃烧固体燃煤、薪柴等，造成大量室内烟尘排放，对人体健康危害极大，大气污染问题也随之而来。而且，民用散煤燃烧会排放大量空气污染物——黑碳，其全球增温潜势是二氧化碳的 900 倍。

为了向农村居民提供更清洁、更安全的取暖选择，解决因炉灶和燃料不清洁带来的健康和环境问题，大道应对气候变化促进中心（以下简称"C Team"）在万科公益基金会、联合国开发计划署全球环境基金小额赠款计划的支持下，联合中关村创蓝清洁空气产业联盟在延安开展了清洁取暖项目，采用生物质能、光伏和电采暖以及光热取暖的技术，帮助农村居民寻找新的绿色取暖方式。①

二、背景

农村能源消费主要集中在炊事、取暖、照明等生活用能和农林牧副渔等生产用能。② 煤炭曾长期是居民冬季取暖的主要能源来源。2017 年国家发布了北方地区清洁取暖五年规划，开始在北方推行煤改气、煤改电和可再生能源供暖等更洁净的取暖方式。在这样的背景下，C Team 开展"绿色乡源"项目，向农户示范因地制宜的清洁取暖方式选择。

2017 年，煤改气在我国大规模推行，希望以此作为控制环境污染的解决方案。但由于天然气气源有限，在农村地区出现了一批"气荒"现象，许多农民无法取暖，挨冻受苦。

寻找低污染、低成本的清洁能源，探索更环保的取暖方式，对于保障农村居民冬季取暖条件，改善我国空气质量，直至改善居民的长远生存环境而言，都至关重要。取暖方式向利用清洁能源转向，对于应对全球变暖问题也具有重要意义。

---

① 项目相关资料参考中关村创蓝清洁空气产业联盟《延安市清洁取暖试点第二期报告》与《绿色乡源》宣传册，感谢创蓝报告编写组和宣传册编者王冠丽对本案例内容的贡献。
② 曾鸣、王永利、宋福浩：《碳中和赋予农村能源转型新内涵》，《甘肃农业》2021 年第 6 期。

三、问题阐述

燃煤取暖仍是中国乡村冬季取暖的主要方式，在国家大力推广清洁煤的政策导向下，目前全国清洁煤取暖比例大约为 50%。陕北地区煤炭资源储量丰富，因此能源结构中煤炭的占比更大。不少村民居住在窑洞式住宅中，保留着集取暖、做饭于一体的生活方式。煤炭作为做饭和取暖的两用能量来源，对居民的生活十分重要。但受此影响，陕北地区也遭受着较为严重的空气污染。未更换清洁炉灶的农户还沿用传统做法，燃烧有烟煤、木柴、玉米芯等取暖。这些燃料产生的室内烟尘含量极高，可能引发多种疾病风险，扩散到室外也污染空气。

传统燃煤不仅排放大量的空气污染物，而且也包含黑碳等温室效应因子。民用散煤燃烧排放的大量黑碳，占全国黑碳排放量的一半以上。黑碳通过吸收太阳辐射，产生温室效应加热大气；当黑碳沉降在冰雪上时，会改变其表面的反照率，从而加速冰雪融化。黑碳的全球增温潜势是二氧化碳的 900 倍。因此黑碳减排也成为减缓气候变化的重要措施。

四、问题解决

（一）技术试点

2017 年，C Team 在延安市甘泉县石门镇南沟门村试点户引进了被动式房屋＋太阳能、空气源热泵等清洁取暖技术代替老式炉灶，帮助试点乡村宝鸡市凤翔县东吴口村组建了生物质成型燃料工厂，以农作物秸秆作为原材料，经统一压制加工，向地方供电企业输送燃料。

基于以上试点经验，在接下来两个取暖季，C Team 联合中关村创蓝清洁空气产业联盟在南沟门村、雷村开展了更大范围的试点工作，选取当地有代表性的 15 户居民住房开展清洁取暖示范试点工作，共形成三条清洁取暖技术路线。

1. 光伏发电 + 电采暖（水暖炕）

在炕的上方加装有水暖盘管的取暖设备——水暖炕。水暖炕中的水用电加热。太阳能光伏板产生的电补贴一部分电能。

2. 太阳能光热 + 被动房改造

屋顶安装太阳能热水器，在卧室的室内墙面安装水循环散热器。对与卧室相连的房间进行门窗和外墙改造，加强密闭性，降低热负荷指标，提高保温性能，避免热能散失，实现被动房效果。

3. 生物质炉具匹配生物质成型燃料

用生物质炉具匹配生物质成型燃料进行燃烧供热取暖。生物质成型燃料由当地玉米秸秆和废弃树枝制成，当地村民负责燃料加工。

项目组协调企业伙伴兰州华能生态能源科技股份有限公司捐赠了水暖炕，隆基绿能科技股份有限公司捐赠了光伏板，烟台尚美丽家新能源有限公司捐赠了生物质炉具。

2019 年取暖季，项目组技术团队在南沟门村组织当地村民进行了秸秆加工试生产，发现具备本地生产颗粒燃料的可行性，并经过多次配比试验，成功生产出生物质颗粒燃料。

项目组在 2020 年秋收前，在南沟门村进行了推广生物质成型燃料的入户调研，识别了一户积极分子家庭高亮和罗云夫妇，夫妇俩表示愿意承担秸秆加工工作。高亮家位于项目点南沟门村的中心位置，方便村民运送秸秆。因此，项目组在高亮家搭建了加工车间，在当地政府的协调下接通了高压电，并对高亮进行了加工设备操作以及压制生物质成型燃料的配比培训。项目组联合当地村委会，设计了领用生物质炉具的规则，即提供秸秆和木材原料并加工 1 吨生物质成型燃料后，可以免费领取一台生物质炉具，并保证持续供应秸秆原材料。截止到 2020 年取暖季结束（2021 年 3

月),当地共有 18 户村民参与了秸秆加工燃料领用炉具的活动。

(二)监测与评估

项目组对南沟门村生产大队附近以及试点户室内的空气质量进行了监测。通过对检测数据进行分析可以发现,光伏发电+水暖炕、太阳能光热、生物质炉具三条路线都能满足居民的基本取暖需要,并产生积极的环境效益。

1. 取暖效果

1)光伏发电+水暖炕

光伏试点用户的室内取暖工具是水暖炕。试点用户认为水暖炕的夜间取暖效果比传统火炕要好。原来使用的火炕只能维持 5~6 小时的热度,在凌晨时基本降至常温。而水暖炕可以整晚维持在恒定的温度,且温度可以调节,因此睡眠舒适度更高。

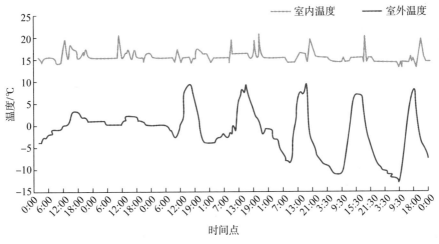

光伏发电+水暖炕各时段取暖效果

2)太阳能光热

光热取暖的室内热源较少,因此室内温度相较于燃煤取暖略低,但略好于柴火取暖。由于窑洞保温效果较好,因此使用光热取暖基本可以使室内温度保持在15℃左右。

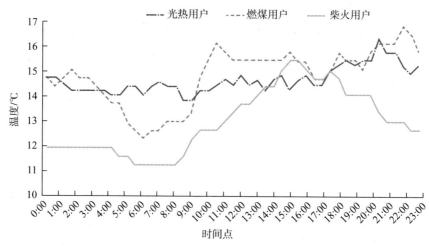

太阳能光热用户与燃煤用户、柴火用户在取暖期的室温对比

3）生物质炉具

项目组在南沟门村的两间书记室分别安装了生物质炉具和传统燃煤炉具作为试点。通过对室内平均温度进行检测，并对两个试点户的室内温度进行对比，发现生物质燃料也可以保证室内温度维持在15～20℃，并且可以达到和燃煤不相上下的取暖效果。

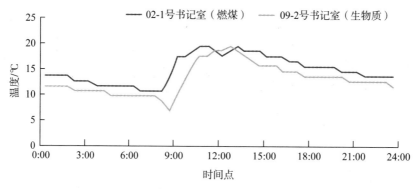

不同炉具试点户各时段室内温度

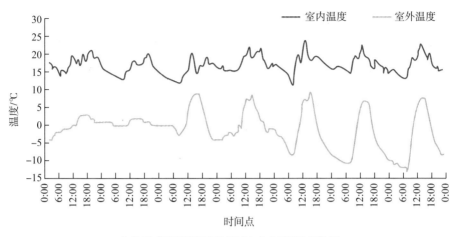

生物质成型燃料适配炉具试点户各时段取暖效果

2. 环境效益

环境效益评估主要通过对室内外在线监测仪器采集到的空气质量数据进行分析，对比评估不同取暖形式对空气质量的影响，同时计算温室气体减排情况。

监测到的 PM2.5 数据显示，光伏取暖和光热用户的总体颗粒物排放较少，室内 PM2.5 平均值和峰值均低于燃煤用户和柴火用户。项目组监测到 PM2.5 在早晨及傍晚有一些升高趋势，一是室外背景空气质量在这两个时间段内有上升，二是在这两个时间段会生火做饭带来一定的 PM2.5 排放。而生物质燃料产生的 PM2.5 浓度虽然比燃煤要高，但明显低于柴火。除了 PM2.5，使用清洁炉灶也能减少污染物总体排放。使用光伏发电＋水暖炕取暖的用户在取暖季平均每户减排污染物 66.6 千克，使用生物质成型燃料平均减排 235 千克污染物。可见，清洁炉灶总体更为洁净、更少污染。

此外，三种取暖方式也能有效减少一氧化碳的排放，降低居民一氧化碳中毒的风险。光伏和光热取暖不产生一氧化碳排放，生物质成型燃料取暖的一氧化碳排放量显著低于燃煤取暖，可见，三条清洁取暖技术线路不仅更清洁，也更安全。

　　清洁取暖技术也能促进温室气体减排。光伏发电＋水暖炕的技术路线不仅本身不产生任何温室气体排放，并且可以通过将住户的发电量并入国家电网，为国家电网提供清洁电力。经项目组测算，每户光伏试点户平均每年可以生产 3000～5000kW·h 清洁电力，同时每年减少 2 吨用于取暖的燃煤消耗，这一过程减少的温室气体排放总量接近 10 吨/户。同时，如果使用生物质成型燃料替代普通无烟煤，平均每户每年能减少排放 4.64 吨二氧化碳和 2.8 千克黑碳。可见，清洁取暖技术对于减少温室气体排放、减缓全球暖化具有积极意义。

监测项目		每年减排量		10年减排量	
		试点 10户	推广全村 400户	试点 10户	推广全村 400户
温室气体	CO_2（t）	46.4	1856	464	18560
	BC（黑碳）（kg）	2.8	112	28	1120
污染物	NO_x（kg）	56.6	2264	566	22640
	SO_2（kg）	103.9	4156	1039	41560
	CO（kg）	1911.0	76440	19110	764400
	PM（颗粒物）（kg）	279.0	11160	2790	111600
	合计污染物减排（kg）	2350.5	95988	23997	959880

生物质成型燃料替代普通无烟煤情景下排放量计算

五、成绩斐然

（一）示范与传播

　　2018 年 7 月，C Team 邀请出席第六届东亚气候论坛的 60 余位中日韩专家参访清洁炉灶宝鸡项目点；9 月，清洁炉灶项目参展了第六届中国慈展会，亮相科技与生态扶贫展区。2018 年，诸多来自企业、公益组织、研究机构以及周边区县政府部门的代表先后到延安市甘泉县南沟门村的项目点调研，项目经验惠及周边区县。

2019—2020 年，联合国开发计划署该项目负责人考察并评估了当地生物质炉具使用情况、生物质成型燃料生产过程、太阳能光伏发电与水暖炕使用情况、太阳能光热使用情况，并与当地政府负责人和村民代表进行了交流与讨论。

清洁炉灶项目也产生了良好的社会示范效果。凤凰卫视中文台《全媒体大开讲》栏目对南沟门村的项目试点成果进行了连续报道，并在公众号、B 站等平台播出，这为对清洁炉灶感兴趣的群体提供了了解的渠道，也让清洁炉灶得到更多人的了解和关注，为未来清洁炉灶的推广创造了可能。

（二）项目成效与发展近况

项目执行过程中，项目组对示范技术的环境效益开展了系统评估，评估发现项目所示范的清洁取暖技术在带来空气质量改善的同时，还可以带来巨大的温室气体减排效果。本期项目中，生物质炉具技术路线与光伏发电＋水暖炕技术路线将带来超过 2827.5 千克的污染物减排和 96.2 吨的温室气体减排；在数据统计周期 3 月中旬到 7 月中旬共 118 天中，共清洁发电 8416kW·h，为居民带来了 3198 元的额外收入[①]。这些清洁取暖技术路线替代了燃煤的使用，降低了一氧化碳给居民带来的健康威胁和中毒风险，提高了居民的生活质量。

---

① 2020 年 3 月 16 日至 2020 年 7 月 12 日，共 118 天，5 户试点户发出了 8416kW·h 清洁电力，项目执行期并网售电价格为 0.38 元/kW·h。

六、思考与总结

1. 太阳能技术路线的特点

光伏发电 + 电采暖（水暖炕）技术路线，利用太阳能光伏板产生电力，使用电热水暖炕将产生的电力转化为热量，为居民取暖。但该技术路线的应用成本较高。由于发电设备和安装费用比较高，且试点户实际所缴电费高于光伏发电上网电价，按照设备使用寿命 10 年计，年综合成本为 1261.3 元。由于电采暖不用生火，没有灰尘，便捷的同时也很干净，因此适合于经济承受能力强且对自身的生活水平有较高要求的农户。

光热取暖的技术路线与安装太阳能光伏板类似，太阳能光热供暖设备的造价较高，同时需要对未安装取暖墙的房间进行被动房门窗改造才能取得优化效果，整体初始成本高，更适用于新建住宅且经济条件好的居民应用。

2. 生物质炉具技术路线的特点

（1）环保，满足供暖需求，解决秸秆焚烧问题。

延安市位于陕西省北部，地处黄河中游、黄土高原的中南地区，平均海拔约 1200 米，最冷月平均气温 –5.5℃，居民的取暖需求较大。这一地区的建筑以窑洞为主，主要采用连炕灶取暖。同时，由于延安市甘泉县是典型的农业大县，粮食种植以晚秋作物为主，如玉米、豆类、高粱等，具有大量的秸秆资源。然而居民对秸秆的现有利用方式还比较单一，主要是粉碎还田作为肥料利用，且仍存在秸秆露天焚烧的现象。本项目示范了将秸秆加工成型为生物质颗粒燃料，农户取暖后炭化还田。

（2）原材料清洁。

依据《北方地区冬季清洁取暖规划（2017—2021 年）》，生物质能清洁供暖布局灵活、适应性强，适宜就近收集原料、就地加工转换、就近消费、分布式开发利用，可用于北方生物质资源丰富地区的县城及农村取暖，在用户侧直接替代煤炭。《北方农村地区清洁取暖调研报告2018》指出，经济性是影响农村清洁取暖的首要因素，基于农村当前经济能力、房屋结构、技术可行性、取暖效果等，燃料适配炉具仍是实现农村清洁取暖最经济有效的措施。

七、经验与发现

1. 获取更广泛的外部支持——政府、企业、学界、社会组织的密切配合

万科公益基金会于2017—2020年持续资助本项目。2019年10月，延安清洁取暖试点第二期项目启动，同年该项目申请通过联合国开发计划署的评审，得到了其全球环境基金小额赠款计划的资金支持。本项目也尝试在"99公益日"和北京市企业家环保基金会合作面向公众募款，发挥传播效应，引起社会关注。除资金支持之外，来自政府、企业、专家和社会组织的技术支持也是项目落地的有力保障。

而社会组织在促进环保的同时也要关注经济效益，这样才能让环保行动在民众中得到更好的推广。"如何实现环保与经济效益的结合"是本项目尝试去回答的问题，但遇到诸多挑战。比如，农村存在劳动力不足问题，秸秆从农田运输到加工点、操作机器设备都需要壮劳力。加工作坊在乡村环境下持续运营面临挑战，电力设备与设备维护等基础设施和配套服务存在短板等问题，需要政府政策和补贴支持予以应对。在乡村消费市场上，经营生物质燃料加工还面临着如何应对散煤送货上门竞争的问题。农村消费者的环保意识提升其路漫漫。

2. 提升居民环保意识，引导绿色生活方式

作为"绿色乡源"计划的一个有机组成部分，为了更好地回应当地村民发展生计、改善社区环境的需求，在万科公益基金会的支持下，C Team

与陕西妇源汇建立了伙伴关系，以社区主导发展的模式合作执行"绿色乡源—社区环境"项目，通过社区参与式培训和小额基金支持，帮助南沟门村发展生计，并结合延安大学三农学社、西安外国语大学志愿者团队的文艺下乡、环保宣讲、绿动少年夏令营等活动，帮助村民提升环保和健康意识，与村民一起改善村内环境。

八、结语

无论在乡村还是在城市，环境保护、节能减排都在成为日益重要的理念，从多个角度影响人们对生活方式的选择。如何让乡村更宜居，政府部门和公益组织在积极努力地开展工作。提高中国乡村的宜居性，建设更加绿色的乡村，提升村民对环境和健康问题的关注，需要多方协力。

第九节 教育先行打造气候行动基石

一、中国青少年气候变化教育背景和问题分析

（一）中国青少年气候变化教育背景

气候变化是全世界面临的共同挑战，它不只是影响一个国家，而是影响整个地球。应对气候变化不是一代人的事，处在中小学阶段的下一代需要承担更多气候变化带来的影响。加强对青少年的气候变化教育，使得他们关注并参与应对气候变化已成为联合国及各国政府的一项重要工作。

2021年8月，联合国儿童基金会发布《气候危机是一场儿童权利危机：关注儿童气候风险指数》报告。报告指出，儿童是气候变化脆弱人群，气候变化将威胁到儿童的健康、教育和受保护状况，并使儿童更可能

患上致命的疾病。全球近一半儿童（约 10 亿人）生活在气候变化"极高风险"地区，这些儿童面临多种气候和环境突发事件的影响。随着气候变化加剧，受影响的儿童人数将进一步增加。帮助儿童接受气候教育和学习环保技能，对于儿童适应和应对气候变化的影响至关重要。

2020 年 9 月，习近平总书记宣布了中国 2030 年碳达峰、2060 年碳中和目标。2021 年 3 月 1 日，生态环境部等六部门联合发布《"美丽中国，我是行动者"提升公民生态文明意识行动计划（2021—2025 年）》，提出将推进生态文明学校教育，将生态文明教育纳入国民教育体系。

青少年是实现我国"双碳"目标的中坚力量。具备良好气候变化意识的青少年不仅可以在生产和消费过程中主动减少碳排放，而且可以凭借他们的热情和智慧为碳中和做出一定的贡献。越早让青少年接触到科学气候变化教育，就越能让他们树立应对气候变化意识、建立科学能力和实践低碳学习与生活，并能通过他们带动家庭和社区共同参与应对气候变化。

中国民促会于 2012 年启动了中国气候变化教育项目，该项目就是为加强中小学教师和学生的气候变化意识，提高学生适应和应对气候变化能力，提升校园低碳实践能力，并通过中小学生带动家庭和社会共同参与应对气候变化而设立的。项目通过教材开发、教师培训、气候变化教育沙龙、气候变化教育竞赛、国际交流等活动推动气候变化教育进课堂。通过项目实施，来自 22 个城市的中小学校的超过 1500 名教师和 100000 名学生以及 20 家地方社会组织直接或间接地从该项目中受益。

（二）中国青少年气候变化教育问题分析

气候变化教育在中国还是一个边缘化的话题，尚未被教育部纳入中小学正式教学体系，目前也没有一个全面的气候变化教育政策或战略。学校开展气候变化教育缺乏适合中国国情的全面性和创造性的教材；教师在气候变化知识储备上存在欠缺，使之无法有效地开展气候变化教学；在学校间开展应对气候变化活动和合作的机会有限。

中国民促会通过开展中国气候变化教育项目，从教材开发入手，编写了适应本土特色和中小学生教学特征的《气候变化教育读本》，将气候变化与自然、生物、艺术结合，寓教于乐。从全国范围内选择22个试点城市，开展教师培训，邀请各学科教师参与，通过启发式培训，引导教师将气候变化知识渗透到日常教学中。气候变化教育项目还针对试点城市学校开展了13期小额资助活动，有的学校通过小额资助开展了气候变化校本课程的开发，有的建立了学校气象站和生态园，有的开展了本校气候变化教育课。

二、中国气候变化教育项目的主要成果

（一）初步成效与发展近况

中国民促会作为项目执行机构，负责项目设计和总体协调，对地方社会组织合作机构采取公开招募的方式进行选择，筛选标准主要考虑以下方面：地区平衡、项目管理和财务管理能力、政府关系、组织协调能力、学校资源等。地方合作机构负责联系试点学校以及教师培训等项目活动在本地区的开展和项目后续的跟进，并积极参与项目的推广活动。此外，项目下还有一个顾问委员会，由政府部门、研究机构、国际组织、社会组织、企业和媒体代表组成，为项目实施提供咨询意见。

项目活动包括教材开发、教师培训及后续小额资助、气候变化创意竞赛、线上线下交流、国际经验交流等。项目活动设计自成体系，通过自下而上的方式，用项目自己开发的教材为一线教师提供培训，并通过小额资助活动使教师和学生将理论付诸实践；通过气候变化创意竞赛激发学生对气候变化问题的认识和思考；线上线下交流平台为试点学校教师、学生和地方合作伙伴等的相互学习、经验交流提供技术支持；国际经验交流活动

为该项目的地方合作伙伴和试点学校教师在国际社会分享自身经验提供平台，同时为向其他国家学习经验提供机会，不断创新气候变化教育的内容和方式。试点学校开展的气候变化教育活动是一颗颗种子，这些种子可以生根发芽，以星星之火的力量推动气候变化教育形成燎原之势，最终达到气候变化教育纳入国民教育体系的目标。

（二）主要成果

1. 教材开发

项目开发了《气候变化教育读本》，内容不仅有气候变化领域专业知识，还有案例以及教学素材和教学方法，按照发现问题、分析问题、寻求方法、采取行动的逻辑编写。教材致力于通过参与式、体验式教育等创新教育模式，将抽象的气候变化知识通过灵活丰富的情景模拟、环保小游戏等方法展现，调动学习者的能动性和行动力，希望达到"关注—认知—态度—技能—评价—积极参与"的循环运用，真正促进改善生活方式并培养自觉行动的能力。在教材读本的基础上，还开发了视频电子课件，引进了韩国气候变化游戏，制作了气候变化教育活动指导手册，等等。

《气候变化教育读本》

2. 教师培训及后续小额资助项目

自 2012 年以来，项目共举办了 28 期教师培训活动，来自全国 800 多所学校的 1500 多名教师接受了针对教师的气候变化教学方式培训，项目还支持教师和地方社会组织开展了 13 个后续小额资助项目。培训后，许多教师自发地应用参与式、互动式的教学理念，开展各种低碳和气候变化教育活动，一批致力于推广低碳和应对气候变化理念的教师纷纷涌现。除了开设教师培训初级班、高级班，项目还邀请气候变化和教育领域的专家赴部分试点学校，就其开展的气候变化教育活动进行专业指导。

小额资助项目资助的活动包括问卷调研、专家科普讲座、创意竞赛、生物多样性观测等，参与主体不仅限于教师和学生，更将家长、社区、社会组织纳入其中。在项目的支持下，2 所重点中学编写了适合本校学生的地理校本教材（以气候变化为重点）；1 所中学和幼儿园分别建立了供学生开展研究的微型生态植物园，帮助学生了解气候变化对生物多样性的影响。

黑龙江八五三农场清河中学于 2012 年接受了项目的一期教师培训，随后教师们组成了项目组，对开设气候变化教育课程的可行性进行了研究，撰写了课程开设可行性报告。经过努力，课程得到地方教育局批准，于 2015 年在初一年级正式开课，以民促会提供的中国气候变化教育教材学生读本为课本，结合视频影像资料，采取学生参与、体验的教学模式，让学生感受全球环境状况及全球气候变暖给生活造成的影响，激发学生面对危机想对策、身体力行做环保的意识。期末，以手抄报、征文、社会调查、知识竞赛等形式对学生教育情况进行评估。在课堂教学的基础上，积极开展社会调查与考察，让学生参与垃圾分类、气候变化、能源消耗等方面的调查，并撰写报告。

3. 气候变化创意竞赛

项目设计了全国气候变化创意竞赛，鼓励参与者从气候变化主题下的低碳、环保、节能、生物多样性等角度，或者是气候变化对人类的生产、生活带来的影响以及如何提升人们保护地球的意识等层面进行切入，设计和提交创意新颖、立意深刻、形象生动、具有表现力和感染力的艺术作品。希望通过将培训和创意实践相结合的方式达到从认知到行动的转变。竞赛共收到来自全国 32 所试点学校的 100 份申请方案、55 个参赛作品，类型涉及与气候变化主题相关的海报设计、图像拍摄、微电影创作和剧目编排，其中不乏形象、讽刺、创新、警醒及表达希冀的各类作品，传达着创作者通过不同的角度对气候变化问题的思索和愿望。通过外部专家组评审，评出了特等奖和一、二、三等奖，4 个单项奖（包括创意无限奖、教育影响奖、文采飞扬奖和互动推广奖），以及最具贡献奖和优秀组织奖。

项目还设计了全国气候变化教育竞赛，其中一场在 9 座试点城市之间展开，主要针对的是试点地区民间组织合作伙伴。另一场在试点学校之间进行，竞赛类型包括海报设计、微电影创作、废旧物品手工制作，项目总结会上为竞赛获奖者进行了颁奖。

4. 线上线下交流平台

项目搭建了气候变化教育经验交流平台，通过气候变化教育沙龙、跨地区教师经验交流会、气候变化创意竞赛等活动，为政府官员、研究学者、社会组织代表、学校教师、媒体记者搭建一个经验交流和资源共享平台。

其中，在第一次沙龙上，安徽省合肥市长丰县实验中学的陆中举老师分享到，该校参与气候变化教育项目之后，办学理念已经从追求升学率转到注重素质教育，丰富的课外活动和兴趣小组提升了学生的学习生活状态。

5. 国际经验交流

2018 年 5 月，中国民促会项目团队与项目地方合作伙伴及试点学校教师代表共 7 人赴韩国参加气候变化教育国际交流活动，在首尔拜访了成大谷村和韩国环境教育中心；在光州参观了光州国际气候与环境中心低碳馆，以及由光州国际气候与环境中心组织的气候变化教育展览和工作坊，项目专家李力老师还为光州的东新中学上了一堂生动的气候变化教育课。

项目团队还在联合国气候变化大会中国角边会上做分享，气候变化竞赛的获奖海报作品被制作成明信片和台历，深受国内外朋友的喜爱。为扩大项目影响力，项目还邀请了两位项目推广大使，一位是陕西广播电视台主播唐坤，另一位是全国优秀志愿者和国家"地球奖"获得者刘文化。

6. 带动多方参与

项目的活动实施得到了政府部门（生态环境部应对气候变化司和宣教中心、中国气象局气候中心、地方教育局等）、高校（中国人民大学新闻学院）、国际组织（联合国环境规划署）、企业（SAP、碳阻迹等）、社会组织（试点城市合作伙伴）、中小学校（试点学校）等多方支持和参与，携手合作推动气候变化教育体系建设。该项目也得到了媒体的广泛关注，中国日报、北京周报、中国网、《环境教育》杂志等多家媒体对项目进行了深度报道。

三、总结和展望：拓展国内资金渠道，发掘地方潜力，服务农村儿童

经过近十年的实践，中国气候变化教育项目积累了丰富的资源：兼备气候变化知识和教学实践经验的专家、全国22个地区的项目合作伙伴、上万名接受教育的青少年、已经开展气候变化教育学校课程的宝贵经验和可以为教师和学生学习提供指导的读本等。展望未来，项目关注的重点主要有三个：一是资金的可持续性，目前该项目的资金主要来自境外基金会的公益捐赠，国内资金来源尚在开拓过程中。中国民促会将在梳理项目成果的基础上，进一步整合资源，同时拓展国内资金来源，包括企业和国内基金会。二是目前的项目试点城市集中在省会一级的城市，而农村地区的

教师和青少年很少有机会接触到气候变化知识。未来，中国气候变化教育项目将把农村地区的教师和学生纳入项目的重要受益人群。三是项目目前通过中国民促会雇用的专家团队来实施在各试点城市的培训，时间、资金成本较高，可持续性较低。未来，将通过在全国各地开展培训师培养活动，建立本地气候变化教育培训师团队，在本区域内通过本地培训师培训当地的教师和社会组织，使项目产生星火燎原的效果。

第十节 解锁可持续时尚中的衣物再生

一、快时尚当道的环境隐忧

人们的日常生活离不开衣、食、住、行，其中衣是十分关键的要素，因为服装可以满足人们对御寒、遮盖隐私的基础需求。随着人们对服装的基础需求得到充分满足，并逐步上升到对美、潮流的追求，一种名为"快时尚"的生产与消费方式开始流行。快时尚源自20世纪的欧洲，欧洲称之为"Fast Fashion"，而美国把它叫作"Speed to Market"。英国《卫报》创造了一个新词"McFashion"，前缀 Mc 取自 McDonald's——像麦当劳一样"贩卖"时装。快时尚提供当下流行的款式和元素，以低价、款多、量少为特点，激发消费者的兴趣，最大限度地满足消费者需求。相比于那些提前12个月甚至更久时间进行新品开发的传统品牌，快时尚品牌具有高效快捷的优势。例如，ZARA 的400多位设计师每年会推出12000~20000款设计，平均每周会换两次新货。此外，据跨境快时尚品牌 SHEIN 官网数据，该品牌日均销售产品数量逾80万件，并由此推算出其一年销量近3亿件。随着快时尚行业的兴起，越来越多的衣物被遗忘在衣橱的最深处，旧衣处理也成为环境问题的一部分。中国循环经济协会数据显示，在我国每年大约有 2600 万吨旧衣服被扔进垃圾桶，此数据将在 2030 年后提升至 5000 万吨。

快时尚门店陈列

此外，随着国内外电商平台的迅速发展，各大电商平台为促成交易，也开始着力打造各种各样的"购物节"，希望用户在某一个日子里"清空自己的购物车"。因为服装往往折扣较大，因此成为购物节"剁手"的重点商品。

服装的生产与消费往往会消耗大量的能源、水资源，并产生碳排放，时时刻刻影响着人与环境的关系、影响着气候变化。在此基础上，交通运输、大量采用的一次性包装会造成更大的环境影响。

中国是世界上最大的服装生产国和消费国，承载着 14 亿人对美、对时尚的需求，我们需要一套新的机制来促进纺织品循环利用，运用市场的力量来推动服装行业的可持续发展。就旧衣循环这一领域，在国外，目前像 ThredUP、Vinted 这样的在线交易平台，可以让服装充分得到循环利用，国外的消费者购买二手服装也十分普遍，可持续的时尚已经是其生活的一个组成部分。因此，在全社会努力实现 2030 年碳达峰、2060 年碳中和的大背景下，国内也急需一个二手服装循环利用平台，来带动时尚领域的可持续发展。

二、二手服装交易国内外反响迥异

全球时尚行业每年产值约为 3 万亿美元，但同时产生了全球 20% 的废水（全球第二大高用水行业）和全球 10% 的碳排放（超过所有国际航班和海运的总排放量）。尽管时尚行业只使用世界耕地的 3%，但棉花种植所使用的杀虫剂和农药分别占全球总量的 24% 和 11%。此外，据中国资源综合利用协会数据，我国每年大约有 2600 万吨旧衣服被扔进垃圾桶，再利用率只有不到 1%，绝大多数旧衣服没有被重新加工或者进行无害化处理。

麦克阿瑟基金会曾在 2017 年发布过一篇报告，报告中称，纺织业每年造成 12 亿吨温室气体的排放，但要改变这个价值 2.4 万亿美元的行业，挑战是艰巨的。环境活动家艾伦·麦克阿瑟本人也提道："今天的纺织工业是建立在过时的商业模型上的，我们需要一种新型纺织经济，需要不同的服装设计、更高的耐久度和更方便的回收再利用。"

目前，国外有多家二手服装交易平台，如 ThredUP、Vinted、Depop、Poshmark 等。其中，ThredUP 于 2017 年在全球 44 个国家推出国际航运服务，开启了全球化的销售进程。ThredUP 主要销售的产品有服装、鞋子和配饰，有高达 3.5 万种品牌商品供顾客选购，几乎包含线下零售商近 90% 的商品种类，品牌包括 Tommy Hilfiger、Gap、J. Crew、Lululemon、Disney 和 Lands End 等，最高可享 1 折折扣，并且每小时都会有超过 1000 件新品上架。

Vinted 在欧洲购物者中积累了一批狂热的追随者，并在美国稳占一席之地，现阶段用户量超过了 2000 万人。通过 Vinted，买家可以以一种经济实惠且具有社交意识的方式更新或整理衣橱，因此 Vinted 还提供衣服更换选项。此外，个人卖家的物流运输可通过与 Vinted 合作的快递服务完成。

Depop 在 Instagram 上很受欢迎，现阶段用户量超过 1300 万人，被视为买卖独特物品的平台，其大部分活跃用户来自英国、美国和意大利。

Poshmark 创立于 2011 年，总部设在美国加利福尼亚。Poshmark 主要销售服装和配饰，包括二手 T 恤、高端精品女装和自有品牌，消费者可以对产品进行出价。目前，该平台已拥有了超过 400 万名卖家，一部分卖家的销售额达到了五位数乃至七位数。

由此可见，二手交易平台目前在国外发展得如火如荼，泛服装类的产品通过这些平台最高效地得到了循环利用。因此，国内急需一个能够让服装迅速循环流通的平台。

有了这样的平台，一方面可以减少购买新服装所产生的环境影响，另一方面能让二手服装物尽其用，多次使用下去，直到彻底失去服装本身应该具有的功能为止。

现阶段，国内有两个较大的二手交易平台，分别是闲鱼和转转。

闲鱼是阿里巴巴旗下的闲置交易平台，可通过一键转卖个人淘宝账号中的"已买到宝贝"，自主手机拍照发布二手闲置物品，实现在线交易等诸多功能，让闲置物品得到二次流通。经过近几年的发展，闲鱼用户数已经达到 3 亿人，商品交易总额超千亿元。根据闲鱼发布的数据，在平台上买卖东西的用户中，"95 后"占到了 35%。

转转是由腾讯与 58 集团共同投资的二手闲置交易平台，用户可通过微信账号一键登录，从而将家中闲置物品进行二次流转。二手交易品类覆盖手机、图书、3C 数码、服装鞋帽、母婴用品、家具家电等三十余种。

但这两个平台都既有优势也有缺点。优势是产品种类多而全，缺点是在某些品类上没有做得更加精细，让交易双方的信息传达得更为充分，比如服装这个品类。相比国外 ThredUP 这样垂直于服装领域的二手平台而言，闲鱼等平台整体体量较大，内容都由用户自行上传，因此产品、内容都较为杂乱，顾客较难从平台上获取有价值的二手服装信息。

三、国内循环时尚路在何方

2019 年年初，中国服装协会发布了《2018—2019 中国服装行业发展报告》。报告显示，2018 年我国服装总产量约 456 亿件，服装年产量目前还在增长中。联合国数据显示，服装行业是仅次于石油产业的第二大污染产业。

现在的服装行业几乎完全以线性方式运行，耗费大量的不可再生资源，生产很多使用期很短的衣服，之后材料大多被填埋或焚烧。这些不可再生的资源包括生产合成纤维的石油、种植棉花的化肥，以及生产染料、纤维和纺织品的化学品，每年消耗量达 9800 万吨。纺织品生产（包括棉花种植）每年消耗约 930 亿立方米的水，造成了一些地区的缺水问题。此外，全球 20% 的工业水污染是纺织品的染色和处理造成的。整个行业中只有 13% 的物质能以某种形式回收。这些回收物通常都变成了其他低端产品，如绝缘材料、清洁布、床垫填充物等。多达 73% 的材料在最终使用后就被丢弃了，进入垃圾填埋场或被焚烧，10% 的材料在服装生产过程中被丢弃，在收集和整理废弃衣物时也会有 2% 的额外损失。据估计，超过一半的快时尚产品在不到一年的时间内就被处理掉了。这种运行模式给环境和社会带来了严重的负面影响。这种负面影响的经济代价难以量化，但据相关报告估计，如果能解决这些问题，截至 2030 年所产生的经济效益约在 1600 亿欧元（合计 1920 亿美元）。

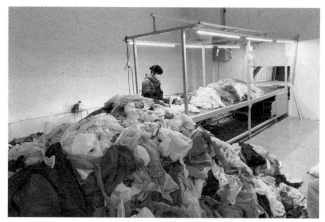

当下旧衣回收处理现状

此外，绿色和平组织指出，服装行业的闭环循环利用非常重要，当前的研究也已经取得一些进展，但分离混纺织物中的聚酯纤维和天然纤维仍是一大难题。在眼下及未来，品牌使用的原生材料远远多于回收材料。该组织的意大利高级企业战略主管 Chiara Campione 指出："循环经济是最新一个通用于欧盟和全球的词汇，而这个词汇的背后是整个行业的虚幻谎言，以为循环利用能修复一个原材料密集型的系统，把不可能实现的100% 可循环当作卖点。"

由此可见，对于服装行业，循环利用（Recycle）的路径探索无论是从成本、效率的角度，还是从对环境影响的角度而言，都不及二次使用（Reuse）来得更直接。但在世界范围内，服装使用率都在逐步下降，平均一件衣服在停止使用前穿着的次数比 15 年前下降了 36%。在中国，这一数字为 70%。

虽然服装行业对环境的影响如此之大，但目前国内没有一个很好的平台，可以让服装能够得到很好的循环。在废旧纺织品回收领域，传统的解决方案是将回收的纺织品进行低值化处理，品相较好的衣物将被销售至东南亚、非洲市场，品相较差的衣物将在被打碎后制作成工业、农业所需要的一些产品（如工业用吸油毯、农业用保温毯等），但这些处理方式没有真正让服装物尽其用。较好的方式就是将服装直接进行二次穿着、使用，或者通过二次设计，让二手服装的价值进一步提升，将本是低值回收物的纺织品高值化利用，从而实现服装的良好循环。

在时装贸易、生产和消费向循环经济转变方面，虽然国家已经采取了许多新的措施，但毫无疑问，如果没有更多利益相关者进行步调一致的努力，没有共识，没有厂家、贸易商、设计师、消费者、科技创新者之间的共同努力，服装循环就没办法做得更好、做得更多。

四、更具可持续性的时尚解决方案

针对前文提到的问题，ZAOX 为中国市场提供了一个解决方案。考虑到二手衣服品质难以掌控及售后服务方面的痛点，ZAOX 没有采用二手平台惯用的 C2C 模式，而是在其中插入一环，走 C2B2C（寄售）模式。现阶段主要聚焦于女装，因为女装市场存量大，女性对服装的保存和洗护都相对爱惜，产品折旧速度较慢。

1. 通过 C2B 进行衣物处理

ZAOX 以 C2B 的方式，将用户衣橱里的闲置衣物通过逆向物流汇集到处理中心，在跟录入库存后，衣物将进入分拣环节，而 ZAOX 会实时与用户确定产品的寄售情况与价格。在分拣完成后，高品质的衣物将进入清整烫环节，整烫过后便进入拍摄环节，衣物将以最好的状态出现在产品介绍图片中，便于消费者选购。在拍摄完成后，还将进行一次消毒杀菌流程，保证衣物的安全性。在此期间，寄售所产生的收益，会有一部分返还给用户，剩余的那一部分将作为佣金，支持平台可持续发展下去。

2. 通过 B2C 让衣物循环起来

ZAOX 以 B2C 的方式，将用户的产品通过寄售的形式销售给其他存在相应需求的客户。其中高品质的服装将会被直接流通,但在用户衣橱里不穿的服装中,80%存在脱线、污渍、破损等瑕疵问题,这些服装的二次利用也是非常关键的。ZAOX将这种类型的瑕疵服装作为二次设计、改造的原材料,提供给专注于再生设计的设计师,借助他们的妙手,将废弃的服装再次制成可被穿着的商品。

在ZAOX平台上,设计师可以自由地利用平台资源进行创作,并将作品与更多用户分享,传递一种物尽其用的可持续生活理念。

3. 多地建仓库减少运输碳排放

衣物的物流运输环节也会产生较大的环境影响。对此,ZAOX正在筹划在不同区域建立多个仓库,优先给消费者推荐就近的产品,以尽量减少运输过程中可能产生的碳排放。

4. 循环包装机制助力碳减排

在包装上,ZAOX优先考虑可循环使用的包装,并且建立一套积分抵现的回收机制,来确保用户能够按照平台的规则回寄包装,从而实现循环包装。

综上所述,ZAOX通过C2B2C的方式,将用户衣橱中不被需要的服装,以寄售的形式得以再次利用,并在这个过程中降低所有商业活动对环境产生的影响,从而不仅使经济可以持续,更降低了整个服装产业对环境的影响,帮助服装品牌实现了生产者责任延伸。

五、衣物的第二次生命

ZAOX现阶段主要针对女装市场,做女性的可持续循环衣橱。目前的做法是在微信公众号上搭建不同的功能,通过不同功能的有机组合,实现二手服装真正意义上的流通。

在这些功能中,第一个功能是省心寄售。省心寄售,顾名思义是用户可以将自己衣橱里不穿的衣服寄给 ZAOX，ZAOX 通过专业回收、分拣、清洗将优质服装上架寄售，寄售所得部分返还用户，剩余佣金将用于平台的可持续发展。第二个功能是线上商城。线上商城主要销售用户寄售的服装产品，通过线上的方式实现交易。在线上商城中，用户可以购买到最低 1 折的国际品牌，也能买到创意独具一格的再生设计师的品牌服装。第三个功能主要服务于设计师，为设计师提供一个共同协作的创作平台，也为设计师提供二次设计的基础材料。材料源于用户衣橱里清理出来的瑕疵闲置服装。这样无论服装的状况是什么样的，ZAOX 都有办法将这些产品利用起来。

由于项目实际发起的时间不久，ZAOX 目前还在内部功能测试阶段，并没有完全将所有功能投放市场。但市场的反应却超出了 ZAOX 的预期，仅仅在内部功能测试阶段，就已经能够实现 3000 余元的销售额，公众号累计用户 423 人，活跃用户 35 人，并搭建、参与相关社群 10 余个，累计覆盖人数在 4000 人左右。除此以外，ZAOX 已经成功帮助 200 余件衣物进行二次流通，给予了它们第二次生命。

六、新商业成就低碳未来

麦克阿瑟基金会曾经在报告中提到：如果纺织业继续当前的发展道路，到 2050 年，它将使用与 2C 通路相关的碳预算的 26% 以上。每年估计有 50 万吨的塑料微纤维在清洗以塑料为基础的纺织品（如涤纶、尼龙、丙烯酸）时脱落，最终流入海洋，进入食物链，这比化妆品中塑料微粒的含量高出 16 倍。在纺织品生产中使用的有害物质和环境危险会对工人和穿戴者的健康造成影响。如果纺织业继续按照这个模式发展下去，这些负面影响将更加严重，未来有可能造成灾难性后果。

数据显示，有 26% 的衣服是因为不再喜欢而被丢弃，42% 的衣服是因为不再适合，而 ZAOX 就给出了既能够满足大家"买买买"的需求，又能使服装得到多次循环利用的较为平衡的一种全新的商业模式。打造一个这样的可持续循环衣橱平台，需要充分发挥市场的力量。倾听用户的心声，了解用户的需求，制定一个公平的解决方案是非常有必要的。我们可以通过这个体系去探索经济、环境与社会相协调的多重价值，构建一个循环经济新世界。

第三章
Chapter 3

绿色公益与基于自然的解决方案

第一节　基于自然的解决方案在中国

一、NbS 的内涵和发展历程

基于自然的解决方案（Nature-based Solutions，NbS）是指对自然或人工生态系统开展保护、修复和可持续管理，以有效和适应性地应对社会挑战，并为人类福祉和生物多样性带来益处的行动。NbS 与传统生态保护观念的差异在于其全局性、系统性的环境治理观念，NbS 让自然做功，将自然视为解决多重社会问题的解决方案，这些问题主要包括气候变化、自然灾害频发、生物多样性丧失、粮食危机、水安全危机、人类健康威胁以及不可持续的经济发展等。NbS 的核心是充分利用涵养水源、改善土壤健康、净化大气环境、固碳释氧、保护生物多样性等一系列重要的生态系统服务。此外，NbS 又是一个包含了一系列生态系统方法的伞形概念，这些方法包括基于生态系统的适应（EbA）、基于生态系统的灾害风险减缓（Eco-DRR）、自然基础设施（NI）、绿色基础设施（GI），以及自然气候解决方案（NCS）等[1]。

世界银行在 2008 年发布的《生物多样性、气候变化和适应：世界银行投资中的基于自然的解决方案》中首次提出 NbS，认为其可以作为新的解决方案，在缓解和适应气候变化的同时，保护生物多样性并改善可持续生计。2009 年，世界自然保护联盟（International Union for Conservation of Nature，IUCN）在提交给《联合国气候变化框架公约》第十五次缔约方大

---

[1] IUCN, *Nature-based solutions to address global societal challenges*, 2016.

会的建议报告中明确提出，积极推动将 NbS 作为更广泛的减缓和适应气候变化整体计划和策略的重要组成部分。2016 年，IUCN 发布《基于自然的解决方案应对全球挑战》报告，系统地阐述了 NbS 的概念和内涵。2017 年，大自然保护协会（The Nature Conservancy，TNC）联合 15 家机构的研究证实，NbS 能够为实现《巴黎协定》目标贡献 30% 左右的减排潜力。

2019 年 9 月联合国气候行动峰会后，NbS 开始受到我国政界、学术界、企业界等多利益相关方的广泛关注。该峰会确定 NbS 为全球九项重要行动之一，并由中国和新西兰作为 NbS 行动的联合牵头国。由两国共同发布的 NbS 气候宣言指出，NbS 是全球实现《巴黎协定》温控目标的整体策略和行动的重要组成部分。NbS 对于实现脱碳、降低气候变化风险以及提升气候韧性具有重要意义，其注重以人与自然和谐相处为主要基调的生态建设和以人为本的全面应对气候变化的发展导向[1]。

2020 年 7 月，IUCN 发布 NbS 全球标准，以帮助各国政府、企业和民间组织有效开展 NbS，应对和解决气候变化、生物多样性丧失以及其他全球挑战。该标准涵盖解决多重社会挑战，基于不同尺度设计，确保生物多样性净效益，具备经济可行性，遵循包容、透明、赋权的理念，权衡首要目标及协同效益，采取基于科学证据的适应性管理，以及 NbS 主流化共计 8 项准则，各项准则下设 3～4 项指标，共 28 项指标[2]。2021 年 6 月，该标准的中文版及使用指南正式发布，这标志着 NbS 在中国主流化实施的标准化进程正式开启。

---

[1] 大自然保护协会：《基于自然的解决方案：研究与实践》，中国环境出版集团，2021。
[2] IUCN, *Global Standard for Nature-based Solutions. A user-friendly framework for the verification, design and scaling up of NbS*, 2020.

二、中国主要生态系统现状及 NbS 措施

根据 NbS 的定义，NbS 实施的载体是自然和人工生态系统，可细分为森林、湿地、农田、草地、城市、海岸带等，从应对气候变化领域来看，主要集中在农业、林业和其他土地利用（Agriculture, Forestry and Other Land Use，AFOLU）类型上。联合国政府间气候变化专门委员会（Intergovernmental Panel on Climate Change，IPCC）发布的《全球升温 1.5℃特别报告》指出，针对 AFOLU 的措施，例如造林、再造林、修复自然生态系统、增强土壤碳吸收、土地可持续管理等，可在实现全球 1.5℃温控目标中发挥重要作用，并增强生态系统功能和服务①。而这些措施都属于 NbS 的范畴。

1. 森林

自 20 世纪 80 年代起，我国开始逐步实施天然林保护、退耕还林、"三北"地区和长江中下游地区重点防护林建设工程等六大林业重点工程，目前我国已成为全球森林资源增长最多的国家，森林面积达 2.2 亿公顷，森林总蓄积达 175.6 亿立方米，面积和蓄积连续 30 多年保持"双增长"②。然而气候和地形差异导致我国森林资源分布不均匀，气候变化下的极端干旱和高温事件

森林（图源：TNC）

---

① IPCC, *Global Warming of 1.5℃*, 2018.
② 国家林草局：《全国第九次森林资源清查报告》，2018。

又给森林生长造成严重影响，树木死亡率不断增加，特别是在人为活动频繁地区以及年降水量低于 400mm 的地区，森林保护及其质量提升迫在眉睫。通过造林、避免毁林、天然林管理、人工林管理、避免薪材使用以及林火管理等 NbS 措施，一方面可以有效保护、修复森林生态系统，另一方面可以在减缓气候变化的同时提升生物多样性。通过对森林开展造林、保护、抚育管理以及木材使用管理等 NbS 措施，可使植被和土壤的固碳能力大幅增加。不仅如此，NbS 还能通过增强森林生态系统的服务功能，发挥保育土壤、涵养水源、净化空气、调节小气候和丰富生物多样性等作用，从而增强当地社区和生态系统的气候韧性与气候适应能力。

2. 湿地

湿地是水陆相互作用而形成的特殊生态系统，是全球生态系统服务功能最强的生态系统，在发挥重要碳汇功能的同时，蕴含着丰富的生物多样性。根据《拉姆萨公约》所给出的定义，湿地是指天然或人工、长久或暂时性的沼泽地、泥炭地或水域地带，带有或静止或流动的淡水、半咸水、咸水水体，包括低潮时水深不超过 6m 的海水水域。因此从普遍意义上来讲，湿地应涵盖内陆淡水湿地和海岸带（半）咸水湿地。我国疆域辽阔，多种湿地类型镶嵌分布，从河流湿地、湖泊湿地，到沼泽地、泥炭地、滨海湿地，同时还分布着大面积的水稻田湿地、人工景观湿地等。根据第二次全国湿

湿地（图源：TNC）

地资源调查结果,我国湿地率为 5.58%,湿地总面积为 5360.25 万公顷,其中河流湿地占 20%、湖泊湿地占 16%、沼泽地占 41%、近海和海岸湿地占 11%、人工湿地占 12%。我国天然湿地主要分布在青藏高原、东北平原、东北山地、内蒙古等区域[①]。

相比第一次全国湿地资源调查时(1995—2003 年),第二次调查(2009—2013 年)发现十年间湿地面积下降了 8.82%,湿地围垦、工业和城镇化建设、水资源过度消耗及气候变化等共同造成了我国湿地面积的减少。工业发展、农业和畜牧业面源污染等使我国湿地面临着严重的污染风险和水文过程干扰,此外,生物入侵和资源无序开发都严重威胁着我国湿地资源,降低其生物多样性保育和碳汇功能,甚至已有部分湿地转变为碳源。

内陆湿地中具备强大碳汇功能的一般是沼泽地、泥炭地、内陆盐沼,但由于不当的人为活动影响,这类湿地很容易出现水位下降、地表植被破坏、土地沙化等现象,从而使其碳汇功能大幅下降甚至消失。NbS 针对内陆湿地采取保护湿地、避免围垦和过度放牧、还湿排干湿地等措施,恢复湿地生态系统生物多样性及碳汇功能。在对湿地进行植被调控从而提升其碳汇功能时,可根据不同地区的气候和植被特征,选择固碳能力强的植被进行人工建植,但在此过程中要优先选用本地植被种类,严格避免植物入侵。

3. 农田

我国是农业大国,截止到 2016 年,拥有农田面积 13492 万公顷[②],占世界农田面积的 9.3%,而由于我国人口密度是世界平均水平的 2.5 倍,导致人均耕地面积远低于世界平均水平。自 20 世纪 80 年代起,我国农业生

---

① 原国家林业局:《全国第二次湿地资源调查报告》,2014。
② 自然资源部:《2017 中国土地矿产海洋资源统计公报》,2018。

产中化肥的投入量不断增加，以 2018 年为例，我国氮、磷和钾肥料的消耗量分别占全球消耗总量的 26%、19% 和 27%。作为世界第一大农药生产和使用国，我国单位面积化学农药用量远高于世界平均水平[1]。然而我国化肥利用率不到 50%，农药平均利用率仅为 35%[2]，未被有效利用的化肥、农药部分留存在土壤中，给土壤微环境造成严重影响，致使土壤微生物多样性下降、土壤酸化、盐渍化，以及土壤重金属污染等。部分化肥、农药通过径流、淋洗、渗漏、飘移等方式流散到水体中，造成水环境污染、水体富营养化、生物多样性丧失等严重后果。

农田（图源：TNC）

《全国农业可持续发展规划（2015—2030 年）》指出，要保护耕地资源，促进农田永续利用；修复农业生态，提升生态功能。NbS 的有效应用可以改善土壤健康状况，提升耕地质量，保障种植业可持续发展。要加强 NbS 在农业生产过程中的应用，在农田及其周边最大限度地修复自然

---

[1] FAOSTAT, "Food and Agriculture Organization of the United Nations Data", 2020.
[2] 原农业部：《关于印发〈到 2020 年化肥使用量零增长行动方案〉和〈到 2020 年农药使用量零增长行动方案〉的通知》，2015。

植被、构建自然生境；种植过程中推行保护性耕作模式，采取免耕或少耕减少机械对土壤的扰动；种植覆盖作物提升土壤肥力、增加地表植被覆盖等。开展农田养分管理，精准施肥、按需施肥、施用正确的肥料，从而提升肥料使用效率，有效降低农田土壤污染甚至是流域污染。一项 NbS 措施的开展通常会带来其既定目标之外的多重效益，NbS 通过多种措施的应用在提升土壤健康的同时，也会带来农田生物多样性的提升、水资源保护和节约利用，同时为应对气候变化做出贡献。

4. 草地

草地是重要的陆地生态系统之一。我国是草地资源大国，天然草地面积达3.93亿公顷，约占国土总面积的41.7%，居世界第二位[①]。草地资源对于我国畜牧业可持续发展、生物多样性保护、水土保持和生态安全保障具有重要意义。然而，由于长期以来我国畜牧业发展"重畜轻草"，以及过度放牧、刈割等人为干扰的影响，到 21 世纪初，我国约 90% 的天然草地出现不同程度的退化，中度以上退化面积甚至超过了50%[②]，部分地区出现草地土壤裸露、沙化和盐碱化现象。针对上述问题，我国在 2011 年开始实行草原生态补奖政策，对内蒙古等 8 个主要草原牧区省份实施包含"禁牧"和"草畜平衡"两类机制在内的生态补贴，以期在实现草地生态保护的同时确保牧民生活水平不受影响。政策实施以来，草地退化得到一定程度的遏制，但仍存在一定程度的补贴监管机制不明、政策落实不到位等问题，我国草地退化问题仍然迫在眉睫。

---

① 沈海花、朱言坤、赵霞，等:《中国草地资源的现状分析》,《科学通报》2016 年第 2 期。
② 付国臣、杨韫、宋振宏:《我国草地现状及其退化的主要原因》,《内蒙古环境科学》2009 年第 4 期。

草地（图源：TNC）

NbS 中的草地管理措施可以有效提升草地固碳、生物多样性保护、土壤保育等一系列生态系统服务能力。主要措施包括保护草地、避免草地开垦、种植豆科牧草等，其中，以"草畜平衡"理念为核心的可持续放牧管理，可以有效平衡草地利用与生态保护之间的关系，在提升草地质量、保障草原生态安全的同时，保障牧民收益和区域畜牧业可持续发展，最终实现草地永续利用。可持续放牧管理主要有两方面的措施，一是春季禁牧、冬季舍饲，有效缓解我国北方草地、畜牧业发展的季节性矛盾；二是要"以草定畜"，针对草地类型和生物量状况，确定牲畜种类、数量及最适放牧强度。此外，在草地资源相对匮乏的地区推行"农改饲"，在避免过度放牧、维护草地生态安全的同时，满足牧民生计需要。

5. 城市

城市是连接人与自然的重要区域，是适应气候变化的主战场。根据国家统计局公布的数据，从 1982 年到 2019 年，我国城镇化率从 21% 上升到 60%，预计"十四五"期间，城镇化率将达到 65%。大规模的城市建设占用大量森林、草地、湿地等自然生境，大量营造的灰色基础设施虽然能在一定程度上解决城市维护和运行的相关问题，但其建设成本高昂、使用寿命有限。

中国新型城镇化思路强调要在以人为本的同时,保护耕地和自然生态环境,在城市内部有序增加蓝绿生态空间[①]。NbS 在城市建设中的应用不同于传统的城市森林和绿地的建设,而是包含了更多样化的功能,如提升生物多样性、适应气候变化、雨洪管理,同时彰显城市文化、提升城市宜居性及居民凝聚力。NbS 首先要采用绿图等规划方法将生物多样性理念融入城市整体设计和规划中,在城市生物多样性保护的关键区域建设生境花园[②],并以相似的原则和理念推动绿色屋顶、绿色墙壁等自然基础设施的建设。

6. 海岸带

红树林、海草床、盐沼是目前公认的海岸带三大"蓝碳"。我国拥有漫长的海岸线,沿海地区跨越了三个气候带,广泛分布着红树林、海草床和盐沼三类海岸带蓝碳生态系统。我国海岸带蓝碳生态系统生境总面积为 1623~3850 平方千米,年均固碳量为 0.349~0.835 TgC[③]。然而 IPCC 等机构针对全球碳收支的研究,在很长一段时间内都忽略了海岸带及近海生态系统的贡献和影响,尽管在最近的评估中已涵盖相关内容,然而研究的基础资料相对于其他生态系统较为缺乏。我国红树林主要分布在广东、广西、海南三省;海草床分布在黄渤海海区的山东省,以及南海海区的海南省;盐沼广泛分布在我国海岸带,其中在杭州湾以北的地区分布较为集中。NbS 针对红树林、海草床和盐沼开展保护与修复,充分提升其碳汇、

---

① 国家发展改革委:《2021 年新型城镇化和城乡融合发展重点任务》,2021。
② 生境花园是将"生境"和"花园"融合在一起打造的"具有栖息地功能的花园",也就是既能够提供生物生存环境,又兼具观赏、休憩功能的花园。在规划和建设中,注重本土植物的使用、避免植物入侵,以及乔灌草相结合保养水土。
③ 周晨昊、毛覃愉、徐晓,等:《中国海岸带蓝碳生态系统碳汇潜力的初步分析》,《中国科学:生命科学》2016 年第 4 期。

生物多样性保育、海水净化等功能。

海岸带（图源：TNC）

三、公益机构参与 NbS 实践的形式和特征

随着环境问题愈演愈烈，其导致的后果逐渐成为影响全人类的社会性问题，如气候变化、生物多样性丧失、水资源和粮食危机、自然灾害频发等。面对影响程度和波及范围如此之广的环境问题，传统的保护学理念已经无法全面解决问题。NbS 跳脱出传统的保护学思维，融合保护生物学、生态学、经济学、社会学等多学科知识，形成交叉的复合知识体系，以解决社会和环境挑战为主要目标。随着环境问题的复杂性提升，环境治理已不再是政府主导下的自上而下的传统治理模式，而逐渐转变为一种政府、私营部门、社会组织、研究机构等多利益相关方共同参与的合作治理模式。

公益机构在以 NbS 为核心的环境治理中发挥着重要的作用，主要的参与形式有两类。一类是提供 NbS 相关的技术咨询和项目执行，例如，TNC 与诺华制药、腾讯、UPS 等企业合作，基于"气候、社区和生物多样性标准"（Climate, Community and Biodiversity，CCB）开展了多个林业碳汇项目，这些项目在减缓和适应气候变化的同时，能够发挥保护生物多样性、促进当地社区可持续发展的多重效益。另一类是开展以 NbS 为核心的影响力倡议和平台建设。例如，由牛津大学自然和社会科学家团队组建的 NbS 中心（Nature-based Solutions Initiative，NbSI）是颇具代表性的以科学基础和政策影响为导向的平台，致力于充分了解 NbS 在应对全球挑战中的潜力，并通过科学和实践证据支持其可持续实施，与国内外自然保护和社会发展领域 NGO 合作，共同为商业、政府和联合国的决策者提供建议。再如，自然气候联盟（Nature4Climate，N4C）由 TNC 发起，由 16 个全球领先的保护组织、商业机构组成，致力于推动包括政府、社会、企业和投资者在内的以自然气候解决方案（Natural Climate Solutions，NCS）为核心的气候治理。近期，N4C 发布了 NCS 潜力地图识别工具（NCS World Atlas），帮助利益相关方了解造林、森林经营管理、农田养分管理、草地管理、湿地保护等多种 NbS 措施在减缓气候变化中的潜力，该工具可作为证据基础支持决策制定和战略设计。

第二节 碳汇林里的那些事儿

一、中国川西北退化土地造林再造林项目

（一）引言

人类作为地球生物圈的一分子，其日常活动也影响着岩石圈、水圈、大气圈以及生物圈中的其他成员。我们对于粮食的需求导致了耕地的开拓，而通常耕地面积的拓展伴随着林地面积的衰减；对于其他食物（肉类）的需求通常会招致过度放牧，而这也与林地侵害有着必然的联系；对

于其他资源（如矿产和木材）的使用也会引起林地面积的缩小。森林资源对于整个地球的生物圈、岩石圈、水圈、大气圈都有着至关重要的影响。例如，森林是很多动物、植物的栖息地，对于生物多样性与平衡有着无可替代的功效，森林减退伴随着的土地荒漠化会导致动植物数量的锐减，最终影响我们人类。又如，远古森林的炭化给我们提供了煤炭资源，作为工业革命以来重要的燃料，可谓推动了人类文明的进步。再如，森林对于涵养水源、保持水土、防风固沙、减少自然灾害对人类的伤害也有着极大的贡献。另外，森林的光合作用和固碳能力也对减少气候变化的负面影响有很大的帮助。

除了维护我们的碧水蓝天，植树造林项目通常还可以带动当地产业的发展，如创造就业、带动旅游业发展等。由此可见，退化土地的再植树造林对我们的生活质量和生态环境来说是百利而无一害的。因此，希望公众可以了解造林再造林项目的作用，并给予支持，同时知晓森林资源对于环境的重要性，并在日常生活中践行对她的保护。

（二）项目背景

位于我国西南山地的川西北地区地形复杂、气候湿润，拥有大量的特有物种和珍稀濒危物种，生物多样性极其丰富。该地区居住着17个少数民族，因山区偏远，当地大多数居民生活在贫困线以下。为对关键生态保护区域进行保护，实现森林生态系统多重服务功能，同时提高当地社区的经济水平，改善居民生存环境，四川省林业厅于2004年组织开展了"中国川西北退化土地造林再造林项目"。

（三）项目执行

1. 多方参与，协调管理

清洁发展机制（CDM）下的林业碳汇项目开发及交易过程，涉及机构和人员广泛，实施内容复杂，是典型的跨部门、跨学科的合作项目，参与各方的良好协作是确保项目顺利实施的前提。经过精心的筹备，该项目确定了由 3M 公司资助，保护国际基金会、山水自然保护中心、大自然保护协会负责项目开发和技术支持。经营实体为大渡河造林局，其与土地所有者和项目县林业局签订了土地使用合同。项目实施阶段成立了由省林业厅、山水自然保护中心、大渡河造林局和 5 个项目县林业局的领导及相关人员组成的项目管理协调委员会，负责项目的协调和管理。

2. 保障资金，明晰权责

项目区农户和社区提供土地，确保无林权争议，农户不承担造林资金的投入，由项目业主大渡河造林局筹集造林资金，社区村民可通过参与整地、栽植等项目实施工作获得一定的劳务收入。各项目县负责造林后的抚育、补植、管护、森林管理等生产工作，承担全部生产成本费用，以及发生在本县范围之内的与碳汇相关的监测、核查、销售等相关协调工作的费用。

3. 把控项目实施，树立模范意识

为了给项目选点工作提供科学依据，保证项目实施达到预期目标和起到示范作用，原四川省林业厅确定了森林多重效益项目八条选点原则，召开了由原国家林业局、原四川省和云南省两省林业厅等相关单位的领导和专家参加的森林多重效益项目工作研讨会，并汇总研讨会达成的共识和专家的具体意见，以指导项目的选点及其他后续工作，同时也为其他地区实施类似项目提供有益的参考和借鉴。

（四）初步成效与发展近况

项目位于全球生物多样性热点地区，范围涉及四川省的理县、茂县、北川县、青川县、平武县 5 个县的 21 个乡镇 28 个村，造林面积 2251.8 公顷，在 20 年计入期内预计可实现减排 460603 吨二氧化碳当量。目前，项目初步成效如下。

一是培养了参与者森林多重效益意识，提高了森林经营技能。

通过项目的实施，无论是当地政府官员，还是社区村民等参与者，对森林多重效益及应对气候变化行动的认识都得到了较大的提高。项目通过当地林业部门结合生产季节和工序对村民进行系统培训，提高了社区村民生产经营多重效益森林的技能；通过社区会议、技术培训、集中施工等形式将分散生产经营的农户组织在一起交流学习，增强了政府的亲和力、社区的凝聚力。

二是拓宽了农户的就业渠道，增加了村民的经济收入。

该项目使3231户农户的12745名农民受益，其中少数民族5384人，占42.2%。项目期内将累计创造收入944万美元，其中53.2%为劳务收入，预计提供的年人均净收入约为2006年水平的10.68%。项目区周边社区村民通过参与项目实施中的造林和后续管护工作，既获得劳务收入，又获得碳汇和木材收益，这些额外的收入将在一定程度上使社区村民生产生活条件得到改善。

三是提高了生态系统的连通性，加强了对生物多样性的保护。

项目区10公里范围内有米亚罗省级自然保护区、唐家河国家级自然保护区、东阳沟省级自然保护区、片口省级自然保护区以及小寨子沟国家级自然保护区。项目实施前，项目区地块仅有零星、碎片化的灌木和草本植物覆盖，物种的丰富度和均匀度都不高。项目采用本土树种进行植被恢复后，周边保护区之间的连通性将提高，而这会为野生动物提供廊道地带，从而促进野生动物的繁育，增加受威胁物种的栖息地面积并改善其生存环境。与此同时，由于项目为当地社区创造了收入来源，减少了当地社区村民在保护区内进行的偷猎、薪柴采集、非法砍伐和非木材林产品采集等活动，从而降低了对当地生物多样性的威胁。

四是控制了水土流失，区域生态环境得以改善。

新增森林植被不仅可以涵养水源、保持水土，还能调节当地小气候，从而改善当地的生态环境，保护农田，缓解和减少滑坡、干旱、山洪等自然灾害。项目实施后，项目区增加森林面积2251.8公顷，植被覆盖率得到提高，土地退化状况得到缓解，有效控制了项目社区严重的水土流失状况。

（五）总结与展望

川西北退化土地造林再造林项目的成功，填补了四川开发CDM林业碳汇项目的空白。项目在开发、实施过程中既有政府部门的林业厅相关处室、各项目县政府和林业局、项目乡镇政府和林业工作站的支持，又有保护国际基金会、大自然保护协会和山水自然保护中心等国内外NGO的参与，还有四川省林业和草原调查规划院、省林业科学研究院、四川农业大学、中科院成都生物所等科研院所的指导。项目从省林业厅到项目业主大渡河造林局，从项目县乡政府到项目业务主管部门，从国际到国内的环境保护组织的协调管理模式，以及既有政府管理决策者和技术专家支持，又有企业代表和社区村民参与的合作模式是项目得以顺利实施的前提和保障。这种协调管理和合作参与模式对拟开发国内外各减排机制下的林业碳汇项目的开发商具有良好的借鉴意义。

从上面的案例中我们可以看出，退化土地造林再造林项目对人民生产生活以及我们赖以生存的环境是大有裨益的：不但残破的生态系统（水土流失、受损的生物多样性）得到了修复，而且人们的生活质量（收入来源）也获得了一定保障。此外，项目得到了政府机构及不同类型社会组织的鼎力支持，由此可见，社会各界对于林业碳汇项目持有十分积极的态度。结合前文提到的该项目开启了四川CDM林业碳汇项目的先河，这表明了今后类似的多重效益的林业碳汇项目将会越来越多，公众和社会的热情也会越来越高涨。相信在不久的将来，当这样的绿色造林项目越来越多的时候，我们就会离2030年碳达峰、2060年碳中和的目标越来越近，真正迎来绿色的明天。

二、绰尔林业局林业碳汇项目

（一）引言

森林资源对于整个生物圈乃至整个地球的生态环境都是极为重要的。我们人类作为生物圈的一分子，离不开森林光合作用产生的氧气。另外，森林资源还可以从生活质量方面帮助我们：木材可以用于建造舒适的房屋，木材交易可以创造一定的经济价值。其实森林资源还可以从其他的角度创造经济价值，这就是"碳汇林"的作用了。"碳汇林"和环境领域的最新热词"碳交易"有着密不可分的关系，但是这些词汇对于公众来讲是比较陌生的，大家会提出疑问："碳"怎么进行买卖呢？简单地说，"碳交易"就是将自己通过技术手段所节省、减少的碳排放量通过买卖变成钱；同时，企业、组织可以通过从"碳交易所"购买这些碳排放量来抵消他们超出国家排放标准的碳排放量。"碳汇林"就是为节省、减小碳排放量而种植的林场。

有的人会提出疑问，这样的交易难道不会助长企业超标排放吗？其实不然，"碳交易"的过程对环境的保护大于其对环境的伤害，而且从长远来看有很多的益处。首先，企业超标的碳排放量已经通过植树造林的方式抵消了，所以对环境的伤害其实与没有进行碳交易之前相比是减小了的。其次，很多能源行业的企业是很难进行减排的，比如在目前的环境下，火力发电还是主流，而减排就意味着被迫转型或者少发电，这种"一刀切"式的行为难以实施，所以通过种植"碳汇林"实施"碳交易"有其必要性。最后，森林资源除固碳之外还具有促进生物多样性、固水防止土壤流失等诸多作用，进行大面积再造林活动可以从宣传层面激励公众进行种树等活动来保护环境，所以从长远来看"碳汇林"的收益是不单单局限于减少碳排放的。总而言之，这种环境方面的担忧是可以理解的；但人们是趋利避害的，也是两利相权取其重的，所以在这些优势面前，"碳汇林"主导的"碳交易"势在必行。

"碳汇林"在世界主要国家，如美国、英国、加拿大都有施行，下面是我国近年来经过 VCS① 认证的一个成功的"碳汇林"项目案例。

（二）项目背景

内蒙古大兴安岭林管局（内蒙古森工集团）管理的大兴安岭重点国有林区，是我国最大的集中连片的国有林区。其生态功能区东连黑龙江，西接呼伦贝尔大草原，南至吉林洮儿河，北部和西部与俄罗斯、蒙古国毗邻，地跨呼伦贝尔市、兴安盟的 9 个旗市；有林地面积 8.18 万平方千米，森林覆盖率 76.68%。内蒙古森工集团基于国内外林业碳汇交易权的调查研究结果，明确了将林业碳汇交易作为林区发展建设的全新融资渠道及林区生态建设的重要资金来源，以促进林区社会、经济和环境协同发展，并成立森工集团林业碳汇项目领导小组，于 2014 年启动绰尔林业局 VCS 林业碳汇项目开发工作。

（三）项目行动

1.开展前期调研，认真选择合作机构

在相关管理部门的推介下，绰尔林业局组织分管领导和资源科工作人员于 2014 年 6 月赴北京对投资机构、技术支持机构等合作机构及相关事项进行考察，通过对咨询服务公司在资质、专业水平、业内影响力、后期推广销售能力等方面的情况进行全面考察调研后，确定了绰尔林业局为项目业主，负责投入前期开发费用；中国绿色碳汇基金会为技术支撑单位，负责项目设计文件编写、计量监测和监测报告编写等相关技术服务；中环

---

① VCS：核证碳标准，Verified Carbon Standard，全球最为广泛应用的温室气体减排控制认证标准。

联合（北京）认证中心有限公司为第三方审定机构。

2. 立足资源禀赋，合理选择开发类型

绰尔林业局在组织专家对国内外的不同减排机制下林业碳汇项目方法学和模式进行研究的基础上，结合其所属林区的资源特点，决定按照 VCS 开发林业碳汇项目，并将绰尔林业局五一林场的商品林确定为项目区，将项目类型确定为森林管理类，旨在通过减少商品林的采伐进而获得额外的减排量。

3. 积极寻找买家，实现碳汇功能市场价值转化

在严格按照 VCS 林业碳汇项目的开发程序完成项目和减排量的注册后，绰尔林业局按照国际惯例从扶贫、生产成本、人员组织、人员工资、项目实施后的生态效益、生物多样性等方面准备了大量资料，制作招标书，与中国绿色碳汇基金会合力制定碳信用出售计划，向全世界需求客户推广绰尔的碳汇项目。项目引起了国内外碳信用买家的极大兴趣，经合作各方协商，确定与浙江华衍投资管理有限公司达成销售协议，并于 2017 年 12 月 18 日在浙江省杭州市的华东林业产权交易所举行签字仪式，销售金额为 40 万元。

（四）初步成效与发展近况

项目覆盖面积为 11010 公顷，计入期 20 年，在项目计入期内将累计产生 1566610 吨 CO_2e 的碳汇量，年均 78330 吨 CO_2e。目前，项目初步成效如下。

1. 推广和普及了绿色低碳理念

碳汇交易带来的不仅仅是金钱，更重要的是对森林可持续经营和管理的创新及观念的转变。绰尔林业局承办了第二届中国绿色碳汇节，宣传和推广了林业碳汇和绿色低碳理念，普及了林业碳汇知识，推广了绰尔正在开展的碳汇项目。

2. 修复和增强了生态系统的稳定性

项目实施以后，森林采伐及人为扰动逐步减少。项目的实施促进了森林的天然更新，幼树、幼苗得到了保护，灌木、草本植物恢复迅速，野生动物、鸟类及昆虫的数量、种类明显增加，生态链更加完整，森林病虫害的发生概率和危害程度明显降低。

3. 探索和实现了森林碳汇服务功能价值的路径转换

森林生态系统的服务功能作为一种生态产品，具有公共物品的特性，难以实现其市场价值。在碳交易的市场机制下，绰尔林业局通过开发林业碳汇项目，使项目区森林的碳汇功能被赋予了商品的属性，使森林碳汇功能的市场价值得以实现，实现了"绿水青山就是金山银山"的路径转换。绰尔林业局实现碳汇项目的二次销售，第一监测期和第二监测期增汇量累计达604245吨CO_2e，两次销售共计实现销售收入120万元。

（五）总结与展望

绰尔林业局林业碳汇项目按照合作机构考察、市场前景调研、技术支持分析、项目类型筛选等一系列规范的技术路线进行项目开发，确保项目开发质量和碳信用产品市场价值的实现，为大兴安岭地区规范化、标准化开发林业碳汇项目提供了经验和示范。项目业主基于对自身资源禀赋、国内方法学和相关政策的分析，探索多元化林业碳信用开发标准的做法，对拓宽我国林业碳汇项目开发路径提供了借鉴。

通过上述案例我们可以看到，在中国，政府和社会组织对于"碳汇林"这种新兴的减排路径表现出了强有力的正面支持态度。从中，读者也可以显而易见地看出"碳汇林"在产生经济效益方面的优势以及在环境治理、环境保护方面所做出的贡献。因此，结合前面对于"碳汇林"项目优势的介绍，"碳汇林"项目的广泛实施对于短期内企业的减排和发展互助，以及长期的生态环境保护、气候变化应对都有很大的积极推进作用。在

"双碳"目标背景下，可以创造额外绿色收入并实现环境保护目的的"碳汇林"项目应该成为新的主流发展模式。相信通过越来越多的成功案例，在公众端大家也能知晓并支持"碳汇林"。由此，通过绿色商业发展带来的美好明天必将很快到来！

第三节　寻找海洋里应对气候变化的蓝色答案

从外太空眺望我们居住的地球，就会发现这是一颗名副其实的蓝色星球，这主要是因为在地球 5.1 亿平方千米的表面积中，大约有 3.61 亿平方千米被水体覆盖，其中 97% 的水体是海洋。浩瀚的海洋不仅是众多海洋生物的栖息地，提供食物供给等众多生态系统服务，也与全球气候紧密联系。这种联系不是单向的，而是相互的，比如温室气体排放造成的气候变化导致两极冰川融化，大量淡水进入海洋影响海水盐度进而影响洋流，洋流变化反过来对全球气候造成重大的影响[1]。正是因为海洋生态系统的巨大体量和对全球气候的重要影响，所以在面对全球气候变化的严峻挑战时，许多科学家都将目光投向了海洋，希望在浩瀚深海中寻求"蓝色"的解决方案。"蓝碳"的概念便是在这样的背景下提出的，并很快成为世人关注的焦点。

根据联合国环境规划署（UNEP）《蓝碳：健康海洋对碳的固定作用——快速反应评估报告》[2]中的定义，蓝碳（Blue Carbon），即由海洋生物捕获的碳。蓝碳也被称为海洋碳汇，是利用海洋活动及海洋生物吸收大

---

[1] Jia-Rui Shi, Lynne D. Talley, Shang-Ping Xie, et al., "Ocean warming and accelerating Southern Ocean zonal flow," *Nature Climate Change*, 2021; DOI: 10.1038/s41558-021-01212-5.

[2] *Blue Carbon: the Role of Healthy Oceans in Binding Carbon—A Rapid Response Assessment*.

气中的二氧化碳，并将其固定在海洋中的过程、活动和机制。因此，蓝碳这个名词，即是对状态的描述，也是对上述海洋活动过程、机制的描述。而我们通常关注的蓝碳主要为近岸、河口、浅海和深海生态系统中所固着的碳，特别是近岸的红树林、潮间带盐沼和海草床三大海岸带生态系统，能够捕获和储存大量的碳，在没有外界干扰的情况下，它们能够将碳永久地埋藏在海洋沉积物里，是地球上效率最高的碳汇途径之一。

海洋拥有地球上最大的碳库，储存和循环着地球上超过93%的二氧化碳。尤其是海洋的滨海湿地植物和盐沼植物，虽然只占了地球植被生物量的0.05%，但每年增加的碳汇量却与陆地植被生物量所增加的碳汇量等同[1]，由此可见其高效的固碳能力。而其也为人类面对气候变化的挑战提供了新的解题思路。红树林、潮间带盐沼和海草床生态系统逐渐为人们所熟知，甚至成了蓝碳生态系统的代名词。这些生态系统除了固碳，其中植被在生长的过程中，还可以通过光合作用移除大气中的二氧化碳，尤其在它们成材之前，光合作用固定的碳远大于呼吸作用释放的碳。除此以外，健康的蓝碳生态系统还能为沿海居民提供许多生态系统服务，比如，蓝碳生态系统所具备的防风消浪和防灾减灾功能，可以很好地帮助当地居民应对气候变化带来的不利影响；为周边的生活社区提供综合的生态系统服务，包括食物供给、休憩旅游、净化水源等。同时，这些蓝碳生态系统又为大量的物种提供栖息的家园。

然而，随着人类社会的发展、对海岸带的开发和利用，蓝碳生态系统遭到了前所未有的破坏。以红树林为例，自20世纪40年代，全球范围内我们已经失去了超过35%的红树林，并且红树林仍在以每年1%~2%的速率消失。根据研究，近岸污染、海堤建设、岸线侵蚀、薪材毁林、生物

---

[1] Nellemann, Christian & Corcoran, Emily & Duarte, et al., *Blue Carbon-The Role of Healthy Oceans in Binding Carbon*, 2009.

危害等是导致红树林破碎化的主要原因。因此我们要遏制破坏红树林的行为，用科学的方式促进滨海湿地生态系统健康发展，恢复其生态系统服务功能，为应对气候变化提供自然的解决方案。

红树林

2020年9月22日，习近平主席在第七十五届联合国大会一般性辩论中表示，中国将提高国家自主贡献力度，采取更加有力的政策和措施，二氧化碳排放力争于2030年前达到峰值，努力争取2060年前实现碳中和。2021年3月15日，习近平总书记在中央财经委员会第九次会议发表重要讲话时强调，实现碳达峰、碳中和是一场广泛而深刻的经济社会系统性变革，要把碳达峰、碳中和纳入生态文明建设整体布局，拿出抓铁有痕的劲头，如期实现2030年前碳达峰、2060年前碳中和的目标。

对于碳中和而言，减排（减少向大气中排放二氧化碳）和增汇（增加对大气中二氧化碳的吸收）是两条根本路径，但当前世界各国的关注点集中在减排措施上，而对增汇手段重视不足。作为碳排放大国和发展中国家，中国在尽可能减排的同时必须想方设法增汇来减轻减排的压力[1]。海洋蓝碳，无疑是最有效的增汇手段之一。提升并准确核算海洋、湿地等自然生态系统碳汇量，有助于增强应对气候变化能力和实现碳中和愿景目标。

---

[1] 焦念志：《研发海洋"负排放"技术　支撑国家"碳中和"需求》，中国科学院院刊，2021年1月。

当前，将海洋碳汇纳入全球气候治理体系的工作刚刚起步，而国际社会在应对全球气候变化方面也对中国寄予了更多期望。尽管蓝碳已经开始逐渐进入主流碳市场，但它仍然是一个相对较新的概念，对其方法学和开发流程的了解不足限制了蓝碳项目的发展。

2021年世界海洋日（6月8日），自然资源部第三海洋研究所、广东湛江红树林国家级自然保护区管理局和北京市企业家环保基金会三方联合签署了"广东湛江红树林造林项目"碳减排量转让协议，这标志着中国首个蓝碳项目交易正式完成。"广东湛江红树林造林项目"是我国首个符合核证碳标准（Verified Carbon Standard，VCS）和气候社区生物多样性标准（Climate, Community & Biodiversity Standards，CCB标准）的红树林碳汇项目。该项目是在自然资源部国土空间生态修复司的支持下，由自然资源部第三海洋研究所组织并与广东湛江红树林国家级自然保护区管理局合作开发完成的。项目将保护区范围内于2015—2019年种植的380公顷红树林按照VCS和CCB标准进行开发，预计在2015—2055年将产生16万吨二氧化碳减排量。北京市企业家环保基金会（SEE基金会）购买了该项目签发的首笔5880吨二氧化碳减排量，用于中和机构开展各项环保活动所产生的碳排放。该项目也是国内首个通过蓝碳碳汇实现机构碳中和的项目。SEE基金会以每吨66元的价格购买了首笔碳汇，交易所得将全部用于维持项目区的生态修复效果，同时也使周边社区受益。该项目不仅是国内首个蓝碳项目，同时也是全球首个在Verra平台交易的（使用CDM机制方法学AR-AM0014）且满足VCS和CCB双标准的国际项目。

湛江红树林蓝碳碳汇项目很好地展示了通过市场机制开展蓝碳碳汇交易，可以有效地推动蓝碳生态系统的保护与修复，发挥它们在应对气候变化方面的作用，并为实现蓝碳生态价值做出积极尝试。交易也对吸引社会资金投入蓝碳生态系统保护与修复、推动海洋碳汇经济发展、实现碳中和等具有示范意义①。

中国首个"蓝碳"交易项目签约仪式（图源：SEE 基金会）

近年来，湛江红树林自然保护区实施了一系列红树林湿地生态修复工程，并鼓励社会力量积极参与，大力开展红树林人工造林工作，红树林面积逐年增加。据统计，1985 年雷州半岛红树林面积由 20 世纪 40 年代的 14000 公顷减少到 5800 公顷，2018 年森林资源二类调查时雷州半岛红树林面积上升到 9737.8 公顷。在全世界红树林面积仍以年 1.0% 的速率递减的背景下，湛江红树林面积却逐年增长，被国际湿地专家称为世界湿地恢复的成功范例。而 SEE 基金会作为湛江蓝碳的购买方，也参与了蓝碳项目的开发和最终成功注册工作。同时，SEE 基金会与汇丰中国合作，在广东湛江开展基于社区的红树林保护和修复工作。该项目主要关注和提升保护有效性，包括：①保护管理能力的建设与提升；②社区合作开展替代生计和通过协议保护的形式，将社区被动参与红树林保护变为主动保护；③带动红树林基金会等更多的环保公益组织和公众参与蓝碳生态系统的保护。该项目周期为 4 年，将保护超过 60 万平方米的红树林，修复超过 4 万平方

---

① 新华网：《中国首个"蓝碳"项目在青岛交易完成》，2021 年 6 月。

米的区域，目标受益社区居民和保护管理者超过9000人，间接保护和帮助提升整个雷州半岛超过800万人的居民在应对气候变化中的能力，尤其帮助实现健康的红树林生态系统应对气候变化带来的台风、风暴潮等极端天气影响的能力。

湛江高桥红树林（图源：SEE基金会）

近年来，在习近平生态文明思想的指引下，国家出台了一系列生态保护和修复领域的相关政策，《全国重要生态系统保护和修复重大工程总体规划（2021—2035年）》《红树林保护修复专项行动计划（2020—2025年）》等生态修复规划和行动计划，明确了保护为先、自然修复为主的工作方针；并通过"蓝色海湾"工程、红树林保护修复专项计划等行动保护和修复重要滨海生态系统。红树林、潮间带盐沼和海草床等均被列为重点保护和修复对象。这些生态保护和修复项目将有助于提高蓝碳生态系统的质量和稳定性。而为了实现生态修复目标，提升蓝碳生态系统健康，增加蓝碳生态系统碳汇功能和其他生态系统服务功能，我们提出如下建议：

（1）加强蓝碳生态系统的调查、监测和评估工作。当前我国开展的滨海湿地修复工作主要侧重于修复地块的面积和分布等，对于蓝碳生态系统的生态功能、退化现状和退化机制等认识不够充分，因此宜尽快开展全国性和区域性的综合生态调查，掌握其整体生态状况。同时，应建立蓝碳生态系统监测网络和信息化平台，掌握蓝碳生态系统质量的动态变化情况，形成红树林、潮间带盐沼和海草床生态退化预警体系。针对生态修复项目，对项目区域实施全过程的生态系统和周边区域生态环境、项目实施情况、生态系统恢复效果、防灾减灾能力和综合效益进行长期监测与评估，促进生态修复项目水平不断提高。

（2）强化蓝碳生态系统保护修复的科技支撑。以红树林为例，要发挥科研院校的科技创新作用，深入研究红树林生态系统演替规律、内在机理和退化机制，针对红树林生态修复中困难林地的植被种植、敌害生物防治、珍稀物种保护和资源恢复、红树林生态功能恢复和提升等技术进行研究、集成与应用推广。通过制修订红树林生态修复技术标准，健全红树林保护修复标准体系，指导红树林生态保护修复的科学和有效实施；并组织能力建设培训工作，提升一线工作人员的保护修复能力。

（3）保障蓝碳生态系统保护修复工程的科学实施。国家和省级主管部门应统筹蓝碳生态系统保护修复规划，发挥保护修复工作的顶层设计和指导规范作用；地方实施蓝碳生态系统保护修复工程前应充分调查分析，识别修复的必要性和修复的重点内容，明晰修复目标，科学编制实施方案，有效落实资金来源和保障措施。生态修复的实施应以生态系统的恢复为导向，优先保护原生地块和实施退化地块的修复，优先选取生境适宜的区域和适生物种开展修复，减少生境改造等工程投入；注重湿地生物多样性和生态功能的提升，避免修复活动对盐沼、海草床、重要鸟类的生境等各类重要滨海湿地造成影响。

当前，碳中和已经纳入生态文明建设整体布局，社会公益组织、企业等对碳减排的责任感进一步增强，对开展红树林保护修复等产生的碳汇效益、生态效益具有较强的支付意愿。基于此，建议加强营造蓝碳碳汇项目开发的良好环境，充分发挥市场在资源配置中的决定性作用以及政府的引导作用，吸引社会资本参与生态保护修复，鼓励社会资金投资或购买项目生产效益，拓宽红树林保护修复资金渠道，推进碳汇市场的发展。具体建议包括：

（1）建立有利于蓝碳项目开发的政策、制度，给予蓝碳资源管理部门充分的收益支配权限。

（2）在沿海省市核算和统计蓝碳碳汇。在各沿海省省级碳排放核算和碳达峰及碳中和进程中，充分考虑和纳入蓝碳碳汇。

（3）依据中共中央办公厅、国务院办公厅《关于统筹推进自然资源资产产权制度改革的指导意见》，鼓励社会资金投入红树林生态保护修复项目，获得二氧化碳减排量及其他生态收益。

（4）将蓝碳碳汇项目纳入滨海湿地生态修复项目，鼓励在项目设计阶段考虑碳汇项目开发，利用收益维持修复地块的后期管护、支持当地社区参与等，并建立可推广的市场化机制来保障生态修复项目成果的持续显效。

（5）充分发挥社会公益组织在碳汇项目中的积极作用，可采用授权或鼓励公益组织参与项目开发和管理的方式支持，将蓝碳碳汇项目收益用于维持修复项目的成果。此外，针对我国蓝碳资源特点和生态修复技术措施，开发出相应的方法学，也是推动我国蓝碳碳汇市场发展的关键工作。

第四节　我们该拿什么拯救荒漠化

作为阿拉善人，几年来，我明显看到了家乡生态环境的好转，此前，草原变成了荒漠；现在，荒漠又成了草原——在政府和社会各界的共同努力下，绿油油的梭梭林一望无际，家乡迎来了绿水青山。

——阿拉善居民朱某

一、引言

  党的十八大以来，党中央将生态文明建设作为统筹推进"五位一体"总体布局和协调推进"四个全面"战略布局的重要内容，通过深入阐明"绿水青山"与"金山银山"的辩证统一来说明生态文明建设与社会经济发展之间的内在关系，将生态文明建设上升到国家战略的高度。2019年在十三届全国人大二次会议内蒙古代表团审议时，习近平总书记指出，要贯彻新发展理念，统筹好经济发展和生态环境保护建设的关系，努力探索出一条符合战略定位、体现内蒙古特色，以生态优先、绿色发展为导向的高质量发展新路子。2021年2月2日，国务院发布《关于加快建立健全绿色低碳循环发展经济体系的指导意见》，该意见指出，要建立健全绿色低碳循环发展的经济体系，确保实现碳达峰、碳中和目标，推动我国绿色发展迈上新台阶。

  阿拉善是服务于丝绸之路经济带和中俄蒙经济走廊的重要通道，集中了巴丹吉林、腾格里、乌兰布和三大沙漠，是我国"两屏三带"生态安全战略格局中的"北方防沙带"重点区域，是国家重要的生态屏障。此地区历史上曾经东西绵延800km的梭梭林带已经被严重破坏和退化，应采取人工促进的方式来加快恢复这片天然生态屏障。

  2004年，阿拉善SEE生态协会（以下简称"阿拉善SEE"）诞生于阿拉善，开始了一系列基于荒漠化防治的公益生态保护与恢复探索。

  2008年，北京市企业家环保基金会（以下简称"SEE基金会"）成立，将荒漠化防治归集为基金会四大议题之一，据"可看""可说""可测"的原则，提出了以"一亿棵梭梭"和"地下水保护"为代表的具体实施项目，项目规划实施区域集中在阿拉善关键生态区及巴丹吉林、腾格里、乌兰布和三大沙漠的外围区域。

目前，上述项目已在阿拉善地区开花结果，推动了当地生态环境的恢复与保护，提升了阿拉善地区的生态财富价值。下图为荒漠化防治项目区人工种植的梭梭林。

荒漠化防治项目区人工种植的梭梭林

项目通过联动各级政府部门、阿拉善 SEE 会员企业、阿里巴巴、腾讯公益等组织平台，以及农户、社会组织、科研专家等多方伙伴，一起共创共建，实现阿拉善生态环境综合发展。

例如，阿拉善 SEE 与"蚂蚁森林"合作，通过"互联网＋公益"的方式，践行"绿水青山就是金山银山"理念，实现上亿人次参与到"一亿棵梭梭"项目中，这样的荒漠化防治方式值得向世界推广。

未来，阿拉善 SEE 将继续在阿拉善以及周边地区，基于荒漠化这一自然实际情况，协同政府，倡导并引领生态环境保护，通过生态扶贫、生态致富、建设美丽乡村等多种途径参与及推动生态保护和可持续发展。

二、项目简介

（一）"一亿棵梭梭"项目

2014 年，阿拉善 SEE 提出了"一亿棵梭梭"项目，计划用十年的时间（2014—2023 年）在阿拉善关键生态区种植一亿棵以梭梭为代表的沙生植物，恢复 200 万亩荒漠植被，从而改善当地生态环境，遏制荒漠化蔓延趋势。在当地政府和社会各界的支持下，截至 2021 年年底，"一亿棵梭梭"项目已在阿拉善关键生态区种植约 7510.17 万棵以梭梭为代表的沙生植物，种植面积约 159.75 万亩。

调查评估数据显示，2014—2016 年项目累计综合效益为 8551.36 万元，年增加量约为 1550 万元。就梭梭接种肉苁蓉的经济价值而言，未来预期的经济效益为 7.75 亿元 / 年；就林木储备而言，林木储备效益为 8 亿元，并随生长年限递增。同时，据碳储量核算单位核算，截至 2017 年 4 月，项目碳储量（据地上与地下生物量测定）为 360751 吨。

（二）"地下水保护"项目

阿拉善地下水资源也十分紧缺。阿拉善 SEE 通过推广节水作物、节水技术，以及推动节水政策的制定与落地，来减少农业活动对地下水的使用，推动绿洲可持续农业的发展，最终实现绿洲地下水采补平衡，遏制绿洲荒漠化的发展，实现生态保护与农业平衡发展。

三、基于自然的项目发展模式

2014 年，阿拉善 SEE 开始以"一亿棵梭梭""地下水保护"项目为契机，积极配合阿拉善盟等各级地方政府部门和农牧民合作社工作，通过共建、共创等多种方式参与阿拉善生态建设。

（一）"一亿棵梭梭"项目

"一亿棵梭梭"项目的总目标是，在阿拉善关键生态区域通过种植一亿棵以梭梭为代表的沙生植物，恢复阿拉善地区的荒漠植被，搭建公众参与的公益平台，减缓阿拉善地区荒漠化的进程。此外，项目有4个具体目标。

具体目标1：为阿拉善地区增加200万亩植被。

具体目标2：通过建设1.5万亩公益治沙示范基地为"一亿棵梭梭"的实现探索有效的植被恢复方法。

具体目标3：搭建公众参与环保公益项目的平台，并探索"公益机构+政府+社区+公众"共同参与的多层次、多部门、多形式的荒漠化防治新模式。

具体目标4：探索出适应于阿拉善SEE与"一亿棵梭梭"项目的可持续筹资模式。

结合项目总目标及具体目标，在与阿拉善盟等政府部门以及科研部门等的联合共创中，阿拉善SEE拿出了解决方案：

按照"一亿棵梭梭"项目规划，项目区的总体布局按照"先易后难，先近后远"的原则，第一阶段造林以发挥示范引领作用为主，重点为社区调查中筛选出的集中连片面积达5万亩以上的造林地块，结合农牧民、合作社造林，示范宣传，发挥引领作用夯实基础。第二阶段造林结合原生植被形成宽厚的生态廊道，连接第一阶段的集中示范区域，构成荒漠区生态建设的骨架。第三阶段造林在第一、第二阶段造林基础上全面推进梭梭造林，分割治理三大沙漠交汇处，斩断三大沙漠"握手"，完成治理荒漠化土地200万亩，实现种植一亿棵以梭梭为代表的沙生植物总目标。

在解决方案的具体实施过程中，有四点值得关注：一是与阿拉善盟当地政府达成共识——统一区域规划，统一操作标准；二是项目要尽量在有社区的地域开展，以社区为基础的梭梭林恢复模式是实现可持续性的保障，阿拉善苏海图社区的成功经验就是有力证明；三是科学合理的管护是确保成活率的有效措施；四是"梭梭－肉苁蓉"沙产业可以促进项目可持续发展。

在政府部门的支持下，阿拉善 SEE 还通过品牌项目推动了公众参与和捐赠，如"梭梭春种""重走晓光路，同种晓光林""向下一个百万荒漠出发""因为爱，'梭'以爱""穿越贺兰山"等大型公益活动，通过公众喜闻乐见的形式，开展环境教育与公众参与活动，促进"一亿棵梭梭"项目多维度价值的实现。

"一亿棵梭梭"项目的开展，不仅恢复了当地植被，而且让牧民从实践和发展中认识到保护生态的重要性。一方面，牧民扮演着生态恢复主力军的角色，不断认识生态恢复的重要性，加大投入力度；另一方面，牧民积极开展就地转产，发展草原生态新产业——沙产业，从保护与恢复生态中发展致富，积极响应"生态优先、绿色发展"的号召。

（二）"地下水保护"项目

"地下水保护"项目坚持以社区为本、自下而上的工作方法，努力探索一条经济发展与资源保护相互依赖、相互促进、和谐共存的双赢道路。为此，项目引进创新的商业手段，在阿拉善绿洲地带的农村社区推广节水现代农业。

自 2013 年起，"地下水保护"项目组在阿拉善地区启动了"沙漠小米"项目，旨在通过引进节水小米替代高耗水作物在阿拉善左旗腰坝绿洲等地大面积推广种植，降低农业生产对地下水资源的开采和利用，最终实现项目地区地下水资源的采补平衡。

与沙漠毗邻种植的节水小米

种植节水小米中所采用的滴灌技术

四、生态建设中的项目呈现效果

（一）"一亿棵梭梭"项目

截至 2021 年年底，项目实现种植 159.75 万亩以梭梭为代表的沙生植物，带动数亿人次参与到项目中。该项目还产生了广泛的经济效益及社会效益，对带动当地科教文化、旅游、就业等多元产业财富增长的作用正逐步凸显。

"互联网 + 公益"模式推动上亿人次参与项目捐赠

1. 经济效益

据调查，干肉苁蓉产量为 20～30kg/亩，按平均 25kg/亩、单价为 100 元 /kg 计算，干肉苁蓉经济价值为 2500 元 / 亩。因此，按照干肉苁蓉收入来计算，扣除投入成本 180 元/亩，则未来预期的经济效益为 7.75 亿元/年。

2. 碳效益

"一亿棵梭梭"项目区中的梭梭人工林不以获取木材为目的，而以薪炭林这一无形国家资产形式存在于自然生态系统中，可以间接经济效益来计算项目区梭梭人工林的经济效益。梭梭人工林的单位面积蓄积量为 6250m³/亩，梭梭林木的密度接近 1000kg/m³，而林地间接经济效益等于林木蓄积量乘以原煤价格（取 2016 年的 425 元/吨），则总计间接经济效益为 887.67 万元。

据碳储量核算单位估计，项目结束后（2023 年）累计碳储量（据地上与地下生物量测定）将达到 1735670 吨。

3. 社会效益

项目实施的社会效益是多层次、多方面的，除提供就业岗位（包括项目的管理岗位和实施岗位）和旅游休憩空间外，还有科研文化价值、牧民的思想和技术提升价值等。根据现有统计资料，项目区已有 30 余户农牧民参与肉苁蓉接种，已培训、指导农牧民 400 人次。通过开展项目培训，农牧民掌握了梭梭种植、管护和肉苁蓉接种等技术。

（二）"地下水保护"项目

2014—2021 年，项目累计推广节水小米 3 万余亩，总节水量超过 1500 万立方米。

五、经验及总结

多年来，阿拉善 SEE 开展的荒漠化防治项目涉及阿拉善关键生态区，不仅带来了防风固沙、保持水土、调节气候、涵养水源、净化空气等效益，还有效控制了区域生态环境恶化的趋势，减弱了沙尘暴的发生强度；同时显著改善了农牧区生产、生活条件，降低了风沙对当地人民健康、生命安全及财产的危害。

就"一亿棵梭梭"项目而言，其推动农牧民增收及区域产业结构调整的效果显著；后期生态公益林补偿的落实、人工造林区采种及苁蓉产品和沙生绿色食品的开发，使农牧民直接收入得到提高、生活得到改善，推动地方经济发展的作用显著，这些成果，得益于以下三个方面的建设。

一是志存高远的"凝聚企业家精神"和行之有效的"留住碧水蓝天"的使命驱动。

从 2004 年开始，越来越多的企业家频频前往阿拉善，开始了以荒漠化防治为议题的环保征程。截至目前，阿拉善 SEE 一共有来自各行各业的 900 余名热衷公益环保的企业家会员，这些企业家们拧成一股绳，在全国乃至全球环保领域发出积极并且有影响力的"中国声音"。

二是与阿拉善盟等政府部门联动合作，撬动民间力量，实现共建共创。

阿拉善 SEE 是政府力量的有效补充，在基于生态环境保护的前提下，通过"一亿棵梭梭""地下水保护"等项目与政府合作，一方面实现阿拉善地区生态修复，解决荒漠化问题；另一方面积累和创造逐渐增长并影响亿万人次的阿拉善生态财富，为中国乃至世界留下宝贵经验。

三是通过"商业的方法、公益的心态、科技的力量"，实现"基于自然"的探索实践和创新。

在阿拉善地区开展"一亿棵梭梭"项目和"地下水保护"项目的过程中，为实现阿拉善腰坝地区的水资源保护，项目通过调动农户种植节水小米，成立社会企业，发展了小米多元消费产品等新产品、新模式。

总结经验，关于基于自然解决荒漠化问题的模式有以下几点值得参考。

1）以国家、地方政策为主导

在习近平总书记"绿水青山就是金山银山"理念以及国务院《关于加快建立健全绿色低碳循环发展经济体系的指导意见》的指引下，阿拉善 SEE 作为地方生态建设的补充力量，以公益的角色发挥着自身的作用和价值。

2）以社区主体、农牧民为主要实施对象

阿拉善 SEE 推行的生态恢复模式最重要的一点是，支持当地的农牧民在自己退化的草场上开展项目,让"受害者"变成"行动者"最终成为"受益者",同时,他们也能管好和守住一片林。

3)配套产业发展,促进生态与经济循环发展

自阿拉善SEE与林业部门在社区推动梭梭种植项目以来,农牧民一方面扮演着生态恢复主力军的角色;另一方面积极开展就地转产;发展肉苁蓉种植沙产业:农牧民开始着力保护生态,恢复生态。

4)强化企业、科研机构参与

截至2020年,阿拉善SEE企业家会员超900名,而这些会员分布在各个行业和领域,有着丰富的资源和平台,可以在支持当地农牧民、合作社防治荒漠化的同时,带动产业发展,权衡各方利益,实现环境与经济的可持续发展。同时,阿拉善SEE与甘肃省治沙研究所、中国林业科学院沙漠林业实验中心、中国科学院西北生态环境资源研究院建立长期稳定的合作关系,为项目的科学发展奠定了良好基础。

5)注重宣教

以阿拉善SEE公益治沙示范基地为宣传窗口,创办了一年一度的"梭梭春种"活动,累计开展各类活动百余场,公众参与人数近万人。通过开展形式多样的公益活动将环保理念植入人心,并积极推动环境保护的社会化参与。

6)项目团队全过程参与

根据项目目标及实施方案,衔接国家、地方生态建设的政策、资金,强化协调,与地方林业部门、农牧业部门形成合力。在实施过程中,项目团队基本做到了"随叫随到"的管理模式,全年有2/3的时间都在社区,及时处理和解决农牧民在种植过程中遇到的各类问题与困难。

7)借势互联网,打造全民参与的荒漠化防治项目

当梭梭和其他一些沙生植物一夜之间成为"网红",荒漠化防治也意

味着有了新的起点。项目在蚂蚁金服公益、腾讯公益、阿里巴巴公益等互联网公开募捐平台均有上线，累计参与公众超 5 亿人次。同时与三棵树、诺亚财富、周大福等大额捐赠企业联动，拓展捐赠人群，吸引更多企业及公众支持"一亿棵梭梭"项目，加入荒漠化防治的行列中。

8）重视监测评估，特别是生态效应的影响

未来，阿拉善 SEE 将继续在阿拉善地区坚持基于自然的项目发展模式，通过与阿拉善盟等政府部门、企业多方联动共建，撬动更多社会资源，为阿拉善的生态文明建设贡献价值。同时，结合国家政策，从生态扶贫到生态致富，为建设美丽乡村、构建人类命运共同体贡献力量。

第五节　探索社区发展与物种保护的共进之路

工业革命以来，以人为中心的建设不断扩展——农地、牧场、城镇、公路、水坝、铁路，割裂了崇山峻岭，截断了江河，阻断了生物廊道，未侵扰的陆地面积只有 23%、海洋面积只有 13%，地球失去了原生态的自然肌理。进入 21 世纪，阿拉善地区的沙尘暴一年持续 3 个月之久，曾经多彩美丽的生物世界正在暗淡。现今地球上可识别的约 800 万个物种中，大约有 100 万个面临灭绝的威胁；在 IUCN 红色名录上记录的 138300 多个物种中，有 38500 多个物种濒临灭绝（占比约 28%）[1]。绿孔雀、滇金丝猴、亚洲象、藏羚羊、雪豹、伊犁鼠兔、大熊猫、白头叶猴……它们赖以生存的生态系统已经破碎化了。

人类发明创造的科技和生产方式，带来了无限的生活福利，人口剧

---

[1] 对于不同的物种，面临灭绝威胁的比例不同，其中两栖动物为 41%，哺乳动物为 26%，针叶树为 34%，鸟类为 14%，鲨鱼和鳐鱼为 37%，造礁珊瑚为 33%，甲壳类动物为 28%。

增,但上亿年来形成的不可再生的自然资源锐减;可再生资源的储备速度,远远赶不上人类的消费速度。大量原生森林被砍伐,人类生产生活所产生的垃圾超出了自然界可以净化的能力,排放的二氧化碳加剧了温室效应,难以忍受的极端天气剧增,并带来了巨大的自然灾害。

阿拉善 SEE 的会员在思考,作为地球村的居民,我们可以保护为人类生存提供物质资源的生物多样性吗?可以保护养育了十几亿人口的中国山地生态系统和高原湿地吗?人类社会可以和生态系统友善依存吗?

诞生在中国生物多样性热点区域的 SEE 诺亚方舟项目,自 2013 年开始探索生物多样性全面保护机制,推动由当地人主导和参与的在地保护。

那么,自然保护要做得好和社区因保护受益之间,如何建立起直接联系?

一、保护神鸟

斗门彝族自然村藏在云南楚雄州和玉溪市之间的崇山峻岭中。村民们说,经常会看到几只绿孔雀从对面的大山箐高处,展开美丽的翅膀,滑飞到自己的村子里,悠闲地在稻田里吃谷子。吃饱了就滑飞回大山箐的低处,再顺着陡坡慢慢爬回高处,飞到大树上夜栖。

大山箐的绿孔雀 © 熊王星

这里的村民祖祖辈辈都和绿孔雀相依为伴。

根据中科院昆明动物研究所 2017 年的调查，中国绿孔雀不足 500 只，大部分存活在元江中上游的温润季雨林和稀疏林里。由于居民在山中开地种植冰糖橙、烤烟、甘蔗和香蕉等市场热销产品，绿孔雀栖息地在无意中被破坏了。仅存的绿孔雀散落在碎片化、孤岛状的面积极小的林子中，周边都是田地。

作为当地世居民族的彝族支系山苏人善良朴实，他们并不知道其他区域的绿孔雀早已灭绝了。

2020 年，阿拉善 SEE 资助环保机构、科学家和地方林草部门开展多方合作，经过一年的野外调查，在村民的带领下，发现绿汁江边上这个偏僻寂静的山林里，一块不到 1.5 平方千米的林中里还藏着两个绿孔雀种群。

人退雀安！周边 9 个自然村的村民经商议后一致同意，为自古以来就生存在后山里的绿孔雀划出边界，给它们提供一个安稳的自然保护地。

这是他们村的绿凤神鸟！

玉溪观鸟会和 SEE 诺亚方舟项目成员马上邀请富梁棚乡林业站和科学家再次考察论证。当地村民祖祖辈辈在自己的山沟里跑上跑下，知道哪里是绿孔雀活动的林子。在他们的协助下，很快就确定了绿孔雀的活动范围。绿孔雀的栖息地在一片山腰上的林子里，村民走亲戚时常常穿越这片绿孔雀栖息地的核心区，顺带还采集蘑菇野菜。石板村党总支书记普忠海说，经过讨论，大家自愿放弃到后山林子里捡蘑菇和野果等生计食物，为了神鸟安居工程，宁愿绕道多走 10 公里路，并尽量减少去林中捡柴火，多用太阳能和电。同时，经村民商议，愿意共同守护跟自己祖先一起生活的绿凤，每个村都选出年轻力壮的村民接受培训，形成了民间专业巡护队。

2021 年春节一过，村民们倾听到绿孔雀在林中求偶的高声鸣叫，他们欣喜地等待绿孔雀养育出更多的小绿凤。

经过一个月的巡护训练，熟悉山林的村民已经成为最优秀的巡护员。在 3 月、4 月的红外相机照片中，巡护员发现栖息地里有小狗在跑动，这让他们感到担忧。2—6 月正是绿孔雀繁殖期，绿孔雀受到惊扰后会为了自救离巢弃蛋，如果小狗捕捉到小雏鸟，损失更是巨大。

巡护队长马加兴随即向乡林业站和村委会报告，各村巡护员立即全体出动，依据照片挨家对比寻找小狗，并进行关于绿孔雀种群自然复壮的科普宣传。很快，巡护队员找到了小狗的主人。当主人了解绿孔雀种群复壮的保护目标后，积极配合，表示将看管好小狗不让其再出入树林。

以此为戒，巡护队也详细了解了栖息地周边所有自然村的养狗情况。每个村召开了村民会议，制定了村规民约：在绿孔雀繁殖季节拴住自家的狗，不让它们到林子去游荡和猎捕野生动物。

巡护队员在忧虑中静静等待。5 月下旬，栖息地的红外相机照片中，陆续出现了 9 只新生小孔雀，村民们悬着的心终于落了下来。截至 2021 年 12 月，村民们的小狗再也没有出现在栖息地内。镜头里，小孔雀也在健康茁壮地成长。

村后山中的神鸟增加了，村民们很自豪，感到自己得到了神鸟的保佑。

二、人以食为天，象亦以食为天

澜沧江边的勐阿镇，是人象冲突最严重的区域。清晨，睡醒的亚洲象群不期而至，一顿早餐就吃掉了几吨即将收获的甘蔗，毁掉了村民即将到手的收入。勐阿镇的甘蔗、玉米、水稻田地成了名副其实的"大象食堂"。张德林，年强力壮，是个好劳力，庄稼种得一流。倘若庄稼地里没有亚洲象出没，张德林和其他很多村民一样，可以依靠 30 亩农田安生过自己的小日子。

玉米和甘蔗成熟季节，亚洲象从偏僻的山野游荡到勐阿镇肥沃的农地里抢食。过去，村民在大象到来之前腾空抢收庄稼、击锣放炮仗，保护自己一年的劳动成果；现在，大象不再惧怕锣声炮仗声，好像知道了善意的人类不会伤害它们。张德林眼睁睁地看着地里正等待收割后发往糖厂的甘蔗，进了一群大象的肚子里，吃不完的也被糟蹋了。一家几口人一年10余万元的收入就这样泡了汤。

2017年，张德林的邻居大爷晚餐喝了几杯酒，昏昏然在地头的窝棚酣然入睡，半夜时分，被闯入的亚洲象群踩踏而死。乡亲的不幸罹难，让村民感到惊恐不安。

为了缓解人象冲突，在当地的林草部门的安排下，部分村民把亚洲象常来游荡的农地租借出来，为亚洲象让出生存的空间和缓冲区。村民正常按照节令种植，如果亚洲象前来取食，主动避让不去驱赶和抢收，造成的损失由国家野生动物肇事保险赔偿，再加上SEE诺亚方舟项目给予的700~800元/亩损失补偿，涉象地村民不再去跟亚洲象争抢庄稼收成。

勐阿镇里的亚洲象 © 熊王星

此外，SEE 诺亚方舟项目组及时向村级社区、涉象乡镇开展主题为"保护生命、保护亚洲象"的宣传教育，在路口竖立野生动物活动警示牌，并走进学校开展自然教育活动，还向涉象乡镇发放了 3 万份"认识亚洲象、保护生命"的宣传册。

为监测勐阿镇的亚洲象，SEE 诺亚方舟项目组和热带植物所添置了无人机、监控设备，并为监测员提供技术培训。将土地租借出去了的村民张德林担任了专职大象监测员。现在，村级监测员每日起早摸黑跟踪野象，他们的视线就如同雷达，再加上科学的监测设备，能及时判断野象行踪并发出警报。

庄稼成熟时，巡护队每天紧张地追逐着野象，也被野象追着跑。在公路上，他们若跑在野象前面，就向迎面来的车辆和岔路口行人发出警讯；若跟着野象后面，就负责阻拦后面来的车辆。为了能及时拍到野象活动地点的清晰照片，监测员还更换了新款手机。

渐渐地，旁人避之不及的野象成了监测员最熟悉的朋友，对它们的个体行为习惯如数家珍，每一头野象也都有了一个亲昵的小名。

从长远考虑，SEE 诺亚方舟项目组根据林草科学家的指导，与当地林草部门合作，于 2019—2020 年在勐阿村后山上，为亚洲象修复栖息地 5500 多亩，2021—2022 年再增加 1100 亩，目标是改善亚洲象生境，增加林间食物和适宜栖息地，延长野象的林间活动时间。项目组还在村庄周边布设预警监测设备，在林中布设物候监测设备。

目前，当地村民和种植合作社积极参与到人象保护的行动中，寻找着人与象之间进退的答案。

三、傣医药的社区种植

西双版纳州的澜沧江南岸是纳板河流域国家级自然保护区，完整的热带雨林生态系统养育着在中国不到 200 头的白肢野牛的最大种群,还有蜂猴、孔雀雉、水鹿、穿山甲等珍稀濒危物种和丰富的植物。

错落在流域山岭上的 33 个自然村寨,居住着与森林相依为生的傣族、哈尼族、拉祜族、布朗族和彝族 5 个世居少数民族。为了保护核心区野生动植物,他们的生产规模和生计手段受到限制。

纳板村的岩罕应说:"我们傣族在庭院被坡上种点菜青和草药,有做喃咪和煮汤的青菜、小葱、大茴香、木姜子、刺茄等;还有治病的药,行气破瘀的姜黄,做肾茶的猫须草、龙血树,止咳的白及、白香薷等,艾蒿也是房前房后都有。有人来收草药就会卖给他们。但山上种植了橡胶后,好的草药不见了,保护核心区我们也不去了。"

在中科院热带植物园科学家、傣医前辈和专家的努力下,傣医药正在逐渐发展。但由于缺少育苗基地和种质资源,傣医药主要靠村民采集野生原材料,造成雨林生境的破坏,野生傣医药植物的繁衍也面临严重威胁,傣医药品短缺、傣医药发展滞后。

2017 年,阿拉善 SEE 西南项目中心、林业专家杨宇明教授和纳板河保护区的科研人员一起,考察村民对雨林资源的需求。SEE 诺亚方舟项目组决定以公益资金投入的方式支持傣医药的种质资源圃建设项目,由保护区和村民共同保护本地傣医药种质资源,并增加生计来源和收入。

保护区骨干刘峰组织村民收集了 300 余种傣医药原生植物,建立了 20 亩的傣医药植物种质资源圃,对傣医药植物做选育、扩繁、规模化人工种植试验。村民们首先选择了傣医院需要的、药用价值或经济价值高的植物进行育苗,包括大叶千斤拔、柴桂、云南萝芙木、肾茶、绞股蓝、三叶蔓荆、姜黄、紫色姜、箭根薯等 10 余种,培育 10 万株种苗。

纳板村村民岩蚌一家种植了 20 余亩橡胶林,现在割胶收入不稳定,岩蚌就跟着保护区一起做试验,在林下种植了 5~6 亩姜黄、紫色姜,有两三年了。

村主任岩温香种植的 11 亩姜黄、紫色姜也有两三年了，家里还有 50 余亩橡胶林，2021 年没有割多少，只收入了 2.8 万元。现在，岩温香还尝试种植火龙果，"一样种植点，都可以卖钱。"岩温香说。

目前，已有 24 户农户参与了傣医药种植试验，在庭院山坡上种植了 20 多种傣医药植物，甚至在村寨公用区域也以傣医药植物为绿化植物；橡胶林里种植的傣族草药有 200 亩，这是一个探索生物多样性的混农林生产模式，为减产橡胶林提供了生态修复方案，并为村民开辟了林下多种经营的生产模式。

四、滇金丝猴社区保护与可持续利用传统草药资源

滇金丝猴，也叫黑白仰鼻猴，是我国特有的珍稀濒危灵长类物种，是雪山精灵。滇金丝猴一身流行色黑白毛，长着帅劲十足的朋克头，嘴唇红红的，眼睛圆圆的，模样可爱出众，特有的黑色长尾巴让它们可以在林间大跨度跳跃。

滇金丝猴 © 肖林

白马雪山国家级自然保护区，地处青藏高原向云贵高原过渡的横断山脉中段，是上百种野生动物的栖身之地，世界生物多样性热点区域之一。保护区成立之初，白马雪山滇金丝猴有 8 个种群 500 余只，现今已发展到 14 个种群 2700 只左右。

保护区建立后，保护区和当地政府鼓励狩猎人转为护林员，每天补贴 6 元钱。白马雪山的傈僳族认为，滇金丝猴是他们的祖先，从不猎捕它们。早就有放下猎枪保护猴群打算的余建华，看到保护区有这样的好政策，他带头把猎枪送到了派出所，结束了半辈子的打猎生活，开始带领村中的其他人投身到滇金丝猴的保护行动中。

第一代巡护员肖林说，那个年代里，巡护员下乡就说不能砍树、不能打猎、不能烧炭、不能这样那样，老百姓非常反感。贫困一直是山区居民面对的主要困境。

为了兑换现金，村民们采集当地传统药用植物出售，但地毯式的采挖，导致大量野生药材资源迅速枯竭。滇西北高寒山区植物自然繁殖速率低且生长缓慢，大量野生药材资源面临濒危的状况。

阿拉善 SEE 西南项目中心自 2014 年起，资助并联合中科院丽江高山植物园，对地道药用植物种质资源进行保种、繁育，并进行技术开发和种植技术推广。

2016 年，项目中心在玉龙雪山上 3300 米海拔处，建成 1500 平方米的濒危植物资源圃。丽江高山植物园许琨主任带领科研人员，每年持续在三江并流区域进行本底调查，收集到 420 份野生植物种质资源，上交种子资源库并进行引种保护。他们从中重点选择 10 种最濒危、市场价值较高又适宜村民林下和庭院种植的药材品种（金铁锁、珠子参、紫牡丹、滇黄精、秦艽、大头续断、滇重楼、白及、云木香、云当归），进行种植技术的开发，包括品种筛选、种苗繁育和回迁种植技术，并已获得 4 项技术专利。

这些技术一项一项地稳定成熟后，由 SEE 诺亚方舟项目负责人萧今博士带领执行团队设计培训课程，迅速向村民传授草药的种植技术。项目开发了包括土壤消毒、采种、种子处理、萌发培育、种植管理和病虫害防治等在内的培训体系和教材，并组织示范种植和现场指导。

刚一开始，学习药材种植的白马雪山村民和巡护员就遇到了两个瓶颈。世居的藏族、傈僳族、白族、纳西族、普米族、彝族老乡，不太听得懂老师的汉语授课，另外自己拿不准如何在庭院、地里和林下种植草药，种多了怕种不好、怕没有收成、怕卖不掉……

萧今博士建议，到草药种植示范点去参观，并为村民联系对接好种植示范户。保护区维西管理分局局长钟泰组织 30 多名村民包车前往鲁甸县，到丽江高山植物园基地参观学习。当看到齐腰高的重楼、郁郁葱葱的云木香等药材，巡护员和村民的心里即刻有了底，眼前所见远比山里挖出来的草药茁壮、品正形美。就这样，眼见为实、口口传授，再结合老师讲的理论，香古箐的村民铆足了劲。

回来后，村书记余晓华、技术能手余新华带头成立合作社，并申请 SEE 诺亚方舟项目经费，白马雪山塔城野生动物救护站也为护林员们集中采购了中药重楼种子，村民们建起育苗大棚并开始动手繁育。经过两年的精心育苗，幼苗终于移出了大棚，每户村民都领到了 250 株，巡护员还额外分得 150 株作为奖励，移植到自家地里。

此外，合作社还建立了帮扶制度，由养蜂和草药种植能手余新华担任技术指导，每月支付他指导补贴费用。当村民有疑问时，余新华就到村中各户做现场培训和实操指导。除了本村的指导工作，余新华还经常到德钦保护区霞若乡去指导。

这样，滇西北远近十几个乡镇慢慢形成了社区互助学习和技术交流网络，由当地技术拔尖的村民担任技术指导，以自发组织的形式进行种植交流和学习；此外，阿拉善SEE的专家每年都会为技术骨干组织专门的技能提升和指导培训。

连续5年，项目团队以每年3~4次的频率为丽江市、迪庆州的5个县11个乡镇累计3500余人次提供培训。

为了资助保护滇金丝猴的山区巡护队员和周边村民，SEE诺亚方舟项目连续4年向白马雪山捐赠濒危药用植物苗150300株，向其他地区捐赠约10万株，市场价值共计750900元。

在响古箐，互助组里的多数村民已经掌握了3~4种濒危药用植物的种植技术，学会了1~2种繁育技术；阿拉善SEE还组织巡护员学习喜马拉雅蜜蜂活框养殖技术，并提供新式活框蜂箱。

种植的重楼

"我2019年出售了2株6公斤的重楼，200元一公斤，2400元就补齐了儿子上大学的学费和生活费。"响古箐老乡余新华一脸自豪，又指着自己林下饲养的60多箱蜜蜂和林下种植的云木香说，"我每年都有6万元以上的收入，我的两个儿子都在昆明读完了大学。"

余建华的儿子余忠华过去不种草药，现在种植几亩地的云木香，两年收成一次，一亩地能卖出4000元左右，比以前种植荞麦和玉米收入高了很多。还有的村民种植的品质高，售价可达到每亩6000~7000元。

负责社区工作的野生动物救护站站长赖建东说："卖各种草药一年有五六万元的收入，还能兼职一份护林员工作，一年也有两万元，那村民的生活过得好啊，何必还天天去山上搞破坏！"

云南白马雪山国家级自然保护区管护局副局长毛炜说："随着收入的

增加，村民由过去和保护区对立，到现在主动参与保护，这是质的转变。"

在 SEE 诺亚方舟生物多样性保护项目的开展中，一开始就考虑了当地人的参与，在推动社区保护的同时促进可持续利用当地生物资源。参与者的眼里都闪烁着喜悦的光——是他们自己的行动保护了家园；同时，他们也是保护行动的直接受益人，有未来可持续发展的前景。

我们憧憬，地球上的每一个社区都能携手保护好周边的生态系统和生物伙伴，共同向人与自然的和谐相处迈进。

第六节　湿地鸟类的家园保卫战

任鸟飞项目通过带动企业和公众参与生物多样性保护的热情，基于科学严谨的实施体系，搭建起覆盖中国大部分重要鸟类栖息地的监测保护网络，在资金支持、能力建设及传播上给予了伙伴极大的帮助，促进了国内各种鸟类和湿地保护的社会力量成长，推动了中国民间鸟类保护事业的发展。

——任鸟飞民间保护网络伙伴

人鸟共生，胶州湾大桥与白腰杓鹬 © 薛琳

一、引言

全球气候变化带来海平面升高、极端气候与自然灾害增加、生物多样性丧失等一系列威胁人类生存的环境问题。而科学家们发现，湿地生态系统所具备的独特生态功能与全球气候变化密切相关：一方面，全球气候变化对湿地的物质能量循环、湿地生产力、湿地动植物等产生重大影响；另一方面，湿地是已知的各种主要温室气体的"源"与"汇"。因此，湿地的消长会影响大气中温室气体的含量，进而影响全球气候变化的态势与速度[①]。

我国的东部湿地尤其是滨海湿地，是东亚-澳大利西亚迁飞区（EAAF）的关键区域，对鸟类的生存繁衍具有至关重要的意义。同时，鸟类的生存状况也是衡量湿地生态系统健康程度的一个重要指标。东亚-澳大利西亚迁飞区是全球九大候鸟迁飞路线之一，每年约250种5000万只候鸟经该迁飞区往返于繁殖地和越冬地。然而，东亚-澳大利西亚迁飞区也是受胁物种最多的迁飞路线，有34种候鸟为全球受威胁物种，19种为近危物种，部分物种的种群数量以每年9%的速率下降。

我国政府高度重视湿地应对气候变化工作，将湿地保护纳入国家应对气候变化战略。2018年7月，国务院印发《关于加强滨海湿地保护严格管控围填海的通知》，对有效推动我国滨海湿地保护和受损湿地生态系统修复有极大的促进作用，使湿地保护成为应对全球气候变化这一重大问题的自然解决方案。

---

① 雷光春：《湿地保护：应对全球气候变化的自然解决方案》，《光明日报》2019年2月2日第8版。

二、我国滨海湿地生态系统现状

（一）生态资源丰富

我国海岸线长达 18000 千米，沿海湿地拥有极其丰富的生物多样性。国家林业局于 2014 年公布的第二次全国湿地资源调查结果显示，全国湿地总面积为 5360.26 万公顷；自然湿地面积 4667.47 万公顷，占湿地总面积的 87.08%，占国土总面积的 5.58%。沿海 11 个省（自治区、直辖市）的滨海湿地（河口、三角洲、滩涂、红树林、珊瑚礁等）总面积为 579.59 万公顷，占全国湿地总面积的 10.81%。

（a）福建滨海红树林湿地 © 杨金

（b）胶州湾滩涂湿地 © 薛琳

我国多样的湿地生态系统类型

（二）湿地面积下降

由于快速的工业化和城市化进程，围填海工程在我国沿海湿地广泛进行，该区域及其生物多样性面临极大的压力。根据原国家林业局、中国科学院等部门和机构的监测显示，在过去的半个世纪里，我国已经损失了53%的温带沿海湿地、73%的红树林和80%的珊瑚礁[①]。第二次全国湿地资源调查结果显示，近10年来受基建占用威胁的湿地面积由12.7万公顷增加到129.28万公顷，增长了10倍以上。与2004年公布的第一次调查同口径比较，湿地面积减少了339.63万公顷，减少率为8.82%。其中，自然湿地面积减少率为9.33%，滨海湿地面积减少率为21.91%。

（a）河北某湿地的开发建设 © 雷维蟠　　（b）湿地上开发的旅游栈道 © 杨金

滨海湿地上的工程开发

（三）滨海湿地保护力度不足

截至2018年年底，全国共有602个湿地自然保护区、898个国家湿地公园、57处国际重要湿地，湿地保护率从2013年的43.51%提高到49.03%。沿海省份共有国际重要湿地18处、湿地自然保护区80多个、国家湿地公园218个，纳入保护区体系的滨海湿地面积为139.50万公顷，保护率为24.07%。滨海湿地保护仍是我国湿地保护的短板，滨海湿地保护率

---

① 于秀波、张立：《中国沿海湿地保护区绿皮书（2017）》，科学出版社，2018。

低于全国湿地保护率。

（a）冬季捕鱼船只 © 雷维蟠　　（b）围垦养殖 © 雷维蟠

滨海湿地上的渔业开发

外来物种入侵也是我国滨海湿地保护面临的巨大威胁。互花米草（*Spartina alterniflora*）、大米草（*Spartina anglica*）、空心莲子草（*Alternanthera philoxeroides*）、凤眼莲（*Eichhornia crassipes*）等多种湿地入侵植物，自然扩散速度极快，侵占了水鸟的适宜栖息地，已在不少海域泛滥成灾。对我国沿海湿地生态系统稳定性、物种多样性及原有景观都造成了极大的影响。

互花米草入侵 © 雷维蟠

三、任鸟飞项目的发起

针对保护空缺地的鸟类及其栖息地的保护，SEE 基金会与红树林基金会于 2016 年共同发起了"任鸟飞"项目。这是一个利用广泛的民间力量守护中国最濒危水鸟及其栖息地的综合性生态保护项目。项目致力于引导全社会的力量关注中国的湿地保护议题，关注栖息在其中的鸟类的保护，覆盖填补官方保护力量无法到达的、重要的保护空缺地，形成与官方自然保护体系互补的民间保护网络，推动构建更加完善的政策、体制，并大力发展公众参与机制，推动民间生态保护力量成长，实现对中国湿地尤其是保护空缺地的保护与恢复。

任鸟飞项目 Logo

任鸟飞项目从保护提升生物多样性和生态系统完整性方面推行基于自然的解决方案，对湿地鸟类及其生境进行有效管理和保护。项目预期开展十年（2016—2026 年），计划支持超过 100 块亟待保护的湿地和 24 种珍稀濒危水鸟。项目提出了三大工作策略，即搭建民间保护网络、建立生态保护示范基地、开展科学研究与政策推动。

四、任鸟飞项目对湿地保护的贡献

经过五年（2016—2021 年）的实践，任鸟飞已经形成有科学研究支撑、企业家积极参与、社会组织不断实践的湿地和鸟类保护项目，这些项目已经形成部分成功经验，并且对政府和公众产生广泛影响。

（一）推动保护空缺地进入保护地体系

任鸟飞项目通过政策倡导、科学研究和数据支撑，推动所关注的保护空缺地纳入国家保护地体系，在国家法律法规的要求下，采取更加有效和科学的方法对保护空缺地进行管理，推行基于自然的解决方案，实现滨海湿地生态系统的健康发展。

1. 河北滦南南堡嘴东湿地

河北滦南南堡嘴东湿地是东亚－澳大利西亚候鸟迁飞区中非常重要的鸻鹬类鸟类栖息地，每年在此停歇的鸻鹬类等鸟类有 299 种，超过 10 万只。SEE 基金会任鸟飞项目、华北项目中心与北京师范大学张正旺教授合作，多年来持续关注河北滦南南堡湿地保护地的建立工作，与唐山市政府、滦南县政府多次座谈沟通，借助黄（渤）海候鸟栖息地世界遗产申报的契机，滦南南堡嘴东省级湿地公园最终在 2020 年 10 月获批成立，这块非常重要的保护空缺地被纳入了官方的湿地保护体系下。这是科学家、政府和多个公益组织共同推动的结果。

河北滦南滩涂 © 雷维蟠

2. 福清兴化湾湿地

在福清兴化湾湿地，每年在此越冬的水鸟达 2 万只以上，是福建省水鸟分布最为集中的区域之一，多项指标符合国际重要湿地标准，生物多样性保护价值高。任鸟飞项目于2018—2020年连续三年支持福建省观鸟会在兴化湾地块开展监测和巡护工作。基于多年的鸟类调查数据，任鸟飞伙伴林青向福建省两会递交了《关于尽快建立兴化湾湿地（福清市区域）候鸟自然保护地的建议》提案。2020年6月，该提案获得了福建省林业局的回函，承诺将加强对福清兴化湾升级鸟类自然保护区申报工作的指导和督促，并力争尽快批复建立福清兴化湾省级鸟类自然保护区，同时加强保护区后期建设的指导，实施湿地生态修复工程，确保福清兴化湾湿地和鸟类得到有效保护。2022年1月，福清兴化湾水鸟省级自然保护区获批成立，实现了民间组织推动保护区成立的目的。

福清兴化湾的湿地景色 © 杨金

（二）识别行动优先区

为了有效应对我国湿地资源面对的开发压力，对湿地生态系统采取更具有针对性的保护方案，任鸟飞项目实施之初即以科学的方法识别了146块"SEE守护湿地鸟类行动优先区"，其中滨海湿地保护空缺地107块。为了便于各项目中心有效地开展工作，又从中筛选出项目中心周边的优先保护湿地39块。在有科学依据的前提下，SEE基金会每年评选和资助不同数量的合作机构，以逐步达成任鸟飞项目目标。到目前为止，保护子地块287处，在与现有保护地的关系上，与现有保护地无关的地块有131

处，占总数的 46%，无关地块的数量最多、占比最大；与现有保护地重叠或被包含在内的地块有 110 处，占总数的 38%；与现有保护地相邻的地块有 37 处，占总数的 13%；与现有保护地交叉的地块有 9 处，其占比最小，占总数的 3%。

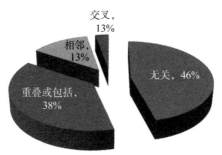

任鸟飞项目保护子地块与现有保护地关系示意图

（三）监测巡护候鸟栖息地

为了弥补国家保护地体系的空缺，对有价值的湿地地块进行有效管理和保护，任鸟飞项目发起了民间保护网络活动，对保护空缺地进行定期鸟类监测和巡护。公众参与在湿地及水鸟的保护中有着重要的作用，民间组织和社会团体通过进行鸟类调查、参与湿地管理，提升了公众关注度。民间保护网络活动从 2017 年至今执行了四期，为民间参与湿地保护工作提供了极大的助力，同时也为参与项目的各民间保护机构人员提供了提升专业素养的良好平台。

四期总计资助项目 170 个，其中 2017 年（第一期）资助项目 32 个，2018 年（第二期）资助项目 50 个，2019 年（第三期）资助项目 52 个，2020 年（第四期）资助项目 36 个。项目行动内容涉及鸟类基础调查、湿地巡护与数据收集、宣传教育、反盗猎与野生动物救助等。累计巡护湿地超 7000 次，巡护面积约 4000 平方千米，累计收集数据超 18 万条，记录鸟类超 600 种，同时开展了超过 900 次的形式多样的宣传教育活动，累计覆盖人数超过 70 万人次。

通过鸟类监测和巡护，项目积累了大量的鸟类数据，并采取了一些直接的措施制止了盗猎、环境破坏等行为，如沧州市野生动物救护中心已救护鸟类超过 1600 只，又如通过违法举报、宣传教育等活动，改变了居民长期以来的炸鱼、捕鸟习惯。任鸟飞项目所覆盖的湿地大多尚未进入政府相关部门的视野，没有保护机构和措施介入，而任鸟飞项目使这些湿地有了最初步的管理，并逐渐受到公众和政府的重视。

湿地中的鸟网 © 雷维蟠

胶州湾被下药的翘鼻麻鸭 © 薛琳

（四）开展自然教育

任鸟飞项目开展了各种各样的自然教育活动，包括：建立环境教育中心；举办观鸟节；与学校合作，向在校学生宣传环境保护知识；通过媒体，普及环境保护知识。这些活动产生了广泛的影响。超过 50% 的合作伙伴开展了以公众为对象的环境教育活动，一些大型的活动吸引了数千名公众参与。环境教育对公众，特别是学生，产生了较大的影响。

为了给项目开展提供科学指导，也为了使收集的数据质量更高，针对民间保护网络伙伴的数据收集、项目管理等活动，任鸟飞项目组发布《任鸟飞民间保护网络工作手册》，制定《任鸟飞滨海鸟调技术规程》，多次组织各参与方开展线上、线下的能力建设培训会。统一的湿地调查步骤、先进的数据填报系统，提高了项目数据质量，有助于提高后续的专业数据分析及成果产出的科学性和准确性。任鸟飞项目组与阿拉善 SEE 多个项目中心一起，与天津市滨海新区湿地保护志愿者协会、上海崇明东滩自然保护区、福建省观鸟会、深圳红树林基金会等在地机构合作，建立天津北大港和崇明东滩自然保护区科普教育基地，开展自然教育活动，并因地制宜地研发自然教育课程，使基地成为向普通民众传递湿地保护理念的良好窗口和交流平台。

（五）资助专项科研

针对项目关注的 24 种珍稀濒危水鸟，任鸟飞项目开展了专项保护行动及科学监测活动，对象包括中华秋沙鸭、青头潜鸭、遗鸥、大鸨、丹顶鹤、卷羽鹈鹕。通过专项保护行动的开展，基本摸清了这些珍稀濒危水鸟在我国的主要分布范围、种群数量大小、保护现状、面临的威胁等基础信息，为进一步开展更具针对性的物种保护和恢复行动筑起了牢固的基石。

卷羽鹈鹕在罗源湾越冬 © 陈永昌

五、工作成效

（一）对空白保护地的贡献

从保护候鸟栖息地及生物多样性的角度，任鸟飞项目覆盖了一些官方保护空缺的湿地，并且这些湿地水鸟的丰度和多度都较高，在一定程度上填补了保护空缺地及水鸟的基础数据，对湿地和水鸟保护起到了重要的作用。任鸟飞的民间合作伙伴在项目期间开展了大量的湿地巡护工作，对开发建设、围垦等破坏湿地的行为以及偷（盗）猎等威胁鸟类生存的行为进行了及时有效的制止，基本建立起栖息地预警体系和响应体制。

任鸟飞项目已推动河北滦南滨海湿地建立国家湿地公园、福清兴化湾湿地建立省级保护区、武汉府河湿地及广西防城港企沙山心沙岛建立保护小区，完成从保护空缺地向民间保护地、国家级或省级保护区、国际重要湿地、保护小区、社区保护地等形式的保护地过渡，保护成效较之前有明显提升。

项目已建成全国性的民间鸟类监测数据库，形成学术界的数据应用，推动保护立法和政策完善的工作已启动，与国家林草局相关部门建立了良好的合作关系，且积极参与到国家保护立法和政策完善工作中。

（二）对迁飞区候鸟的贡献

在任鸟飞项目支持的78块湿地中，有50块都位于我国沿海，其对保护东亚－澳大利西亚迁飞区内的珍稀濒危水鸟具有重要作用，惠及勺嘴鹬、大滨鹬、大杓鹬、黑脸琵鹭、丹顶鹤、白鹤、东方白鹳等鸟类。此外，任鸟飞项目强调开展威胁巡护以及对公众的宣传教育活动，这又进一步增加了候鸟途经我国时的安全性，保障候鸟可以完成年度迁徙之旅。

任鸟飞项目对于识别候鸟迁徙的重要栖息地、发现水鸟及其栖息地存在的问题具有重要作用。针对这些栖息地开展保护行动，对已知的湿地地块进行监测和巡护，对于保护候鸟的栖息地及其正常迁徙具有重要意义。

（三）对推动国家保护政策的贡献

在推动国家保护政策方面，任鸟飞项目也做了一些努力，例如，提交两会建议，与国家林草局湿地管理司、自然保护地管理司签署战略合作协议，积极参与黄渤海湿地申遗二期工作等。在推动保护空缺地纳入保护地体系方面，目前江苏条子泥滩涂湿地被列入世界自然遗产名录，河北滦南滨海湿地已建立国家湿地公园。此外，发现危害湿地健康和鸟类生存的开发威胁，向政府相关部门提出建议，部分地区已经形成了关于鸟类保护的政府与社会合作模式。

（四）入选"全球生物多样性100+案例"

2021年9月27—28日，《生物多样性公约》第十五次缔约方大会（CBD COP15）的非政府平行论坛在昆明举行。在这次论坛上，官方正式发布了"全球生物多样性100+案例"。任鸟飞项目从26个国家的258个申报案例中脱颖而出,成为 19 个"生物多样性 100+ 全球特别推荐案例"之一。"生物多样性 100+ 案例"呈现了全球范围的生物多样性保护成功模式和案例,展现了各个国家和地区非国家主体在生物多样性保护领域的努力和决心。

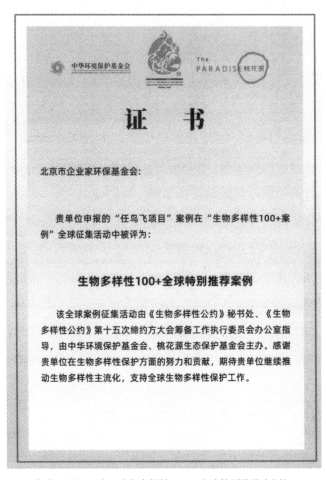

任鸟飞项目入选"生物多样性 100+ 全球特别推荐案例"

六、思考与总结

(一) 探索综合保护机制

随着任鸟飞项目的深化，为了更好地实践基于自然的解决方案，提高项目的整合水平，任鸟飞项目组需要在日常项目管理的基础上，提升专业服务能力。任鸟飞项目已经识别出一些成功的经验，如深圳红树林生态公园、厦门紫水鸡的杏林湾新家等项目，但是这些项目没有产生广泛的影响，多数合作伙伴的活动还比较单一，尚未形成综合的保护机制。

1. 综合项目设计

根据不同地区的湿地和鸟类的主要威胁和保护需求，建立有示范意义的综合湿地和鸟类保护项目，动员更多资源，采取综合手段，建立具有阿拉善 SEE 特色的湿地鸟类保护模式。

2. 模式总结和推广

任鸟飞项目要产生更加广泛的影响，有赖于产生有影响力的综合湿地鸟类保护模式，因此，项目组要在现有项目的基础上，关注项目经验的总结和提升，形成保护模式并推广。

(二) 建立项目长效跟踪机制

1. 突出保护空缺地特色

应依据对保护空缺地保护重要性、紧迫性的评估结果，明确需要着力开展的、必须要开展的项目是哪些，并集中精力进行基础数据的收集工作。由于许多地块与现有保护地体系存在关联，故为了与之区分，突出项目特色，建议在项目申报时表明项目地块与最近的保护地之间的位置、距离关系，根据存在的关系确定针对该地块开展工作的主要内容。

2. 建立长效跟踪机制

项目管理组只有熟悉项目开展的情况，才可以使任鸟飞项目成为更有效的工具，才可以在各种场合游刃有余地提出见解，在参与国家决策时展现出实实在在的依据。同时，对连续开展的项目应该有更高的期待，并评估其是否具备持续发展的潜力。

（三）加强合作伙伴及项目管理组的能力建设

要提高任鸟飞项目实施效果，取得更大的社会影响，提升合作伙伴的能力是重要的途径。项目管理团队要能够综合分析伙伴机构的状况，根据项目需求，为合作伙伴提供差异性的能力建设。要加强合作伙伴的业务能力，提高项目报告的质量，提升数据可视化效果；加强项目管理组的能力建设，从科学的角度对项目进行把关，使项目进行得更顺畅，提高项目开展的有效性。

七、展望

任鸟飞项目经过五年的发展，已经形成有科学研究支撑、企业家积极参与、社会组织不断实践的湿地和鸟类保护项目，这些项目已经形成部分成功的经验，对湿地鸟类及其栖息地的保护发挥了重要作用，并且对政府和公众产生了广泛影响。通过识别候鸟迁徙的重要栖息地、发现水鸟及其栖息地存在的问题、发挥民间力量建立保护网络、对重要湿地地块进行监测和巡护、开展保护行动，任鸟飞项目保护了超过4000平方千米湿地的600余种鸟类，对维持候鸟栖息地、保护水鸟正常迁徙、稳定水鸟多样性等方面具有重要意义。

在任鸟飞项目未来的五年乃至更长时间内，应通过对过往经验教训的总结和汲取，进一步有计划地发展民间保护网络；集中专家、合作伙伴和企业家力量，发展出综合解决湿地和鸟类保护的经验；深度挖掘现有数据价值，与相关部门合作，使其能够成为国家政策制定时的科学支撑。同时，进一步提升项目的生态效益和社会影响力，进而推动国家政策的制定，为人类社会营造生存所必需的可持续性的自然资源环境，促使湿地生态系统发挥其生态功能，为应对气候变化做出应有的贡献，最终实现人类福祉。

第七节　守护生命长江　留住它的"微笑"

长江孕育了两种中国特有的淡水水生哺乳动物——白鳖豚和长江江豚。它们是长江生态系统的旗舰物种和指示物种，它们的数量和生活质量预示着长江生态系统的健康与否，而这直接影响着生活在长江流域的人民的生活水平。

遗憾的是，受人类活动影响，白鳖豚数量快速下降，2017年被宣告功能性灭绝。而长江江豚的生存状况也不容乐观。保护长江江豚，需要全社会的共同参与，行动起来，共建生命长江！

——中国科学院水生生物研究所研究员、
中国人与生物圈国家委员会秘书长　王丁

浩荡东流的长江，犹如一条横贯神州的巨龙，跨越峻岭险滩，吞吐千流百川，奔腾在锦绣壮美的华夏大地上。长江江豚和白鳖豚是滚滚长江里独有的两种水生哺乳动物，目前白鳖豚已经功能性灭绝。作为长江生态系统的旗舰物种，长江江豚以可爱的外表和活泼的性情，深受人们的喜爱。而由于食物资源减少以及栖息地丧失等威胁，长江江豚的数量也在急剧减少，保护江豚，刻不容缓！

长江江豚 © 余会功

在农业农村部长江办和全国水生野生动物保护分会的领导下,在中科院水生生物研究所等单位的支持下,湖北省长江生态保护基金会和 SEE 基金会发起"留住长江的微笑——拯救江豚"项目,从江豚在长江生存繁衍中面临的实际问题出发,推动长江保护"群管"力量的建立,资助退捕渔民转产转业为协助巡护员,保护江豚、中华鲟、长江鲟等旗舰物种,协助渔政打击非法捕捞等行动,配合国家长江流域"一江两湖七河"十年禁渔政策的推进,用实际行动来守卫生命长江。

一、长江怎么了

长江作为中国淡水渔业的摇篮、鱼类基因的宝库、经济鱼类的原种基地,既是中华民族的母亲河、生命河,也是中华文明的发源地、发扬地,更是"人"与"鱼"和谐共生的生命共同体、命运共同体。长江水生生物作为长江水域生态系统的重要组成部分,是生命长江健康与否的重要标志,在维系自然界生态平衡、保障国家生态安全等方面具有不可或缺的关键基础作用。推动长江经济带绿色发展必须以共抓长江大保护为前提,只有保护好长江的生态环境,实现长江流域的低碳健康发展,才能维护好人类的健康安全,才能支撑起民族的永续发展。

随着对长江的开发利用和长江经济带的快速发展,长江出现水生生物消亡、水环境污染、生态系统功能退化等问题,生态环境压力日益加剧。以旗舰物种长江江豚为例,2012 年,科考显示其种群数量约为 1045 头,和 2006 年相比呈加速下降趋势,其中长江干流中的江豚数量的下降速率高达 13.7%。2013 年,长江江豚被列为世界自然保护联盟红色名录极危物种。2017 年,科考显示长江江豚种群数量约为 1012 头,其中长江干流有 445 头,洞庭湖有 110 头,鄱阳湖有 457 头。小型鱼类资源衰退是导致长江江豚种群数量快速下降的主要原因之一。白鱀豚被宣告功能性灭绝后,长江江豚成为长江中仅存的水生哺乳动物,是长江生态系统的旗舰物种,也是指示物种,其兴衰存亡预示着长江生态系统的兴旺与否。

在江心翻腾的长江江豚 © 余会功

过去 40 多年来,在长期拦河筑坝、水域污染、过度捕捞、航道整治、岸坡硬化、挖砂采石等高强度人类活动的影响下,长江水域的生态环境不断恶化,生物多样性指数持续下降,白鲟等特有物种已经多年未见,"长江三鲜""四大家鱼"等经济鱼类全面衰退,中华鲟、长江鲟、长江江豚等珍稀物种濒临灭绝。"长江生物完整性指数已经到了最差的'无鱼'等级",长江生物资源的保护形势已经十分严峻。

二、生命长江,如何守护

(一)长江大保护的政策架构

自 2016 年《长江经济带发展规划纲要》正式印发以来,推动长江经济带高质量绿色发展一直是我国的重要战略之一。发展与保护并重,政府高度重视长江生态环境保护工作,习近平总书记多次视察长江经济带,要求"当前和今后相当长一个时期,要把修复长江生态环境摆在压倒性位置,共抓大保护,不搞大开发"。近年来,国家和地方各级政府先后出台了一系列指导性意见,推动开展了一系列保护和修复措施,一定程度上延缓了长江生物资源急剧衰退的趋势,为长江母亲河争取了休养生息的时间和空间。

2016 年 5 月 21 日,中华鲟保护救助联盟在上海成立。2017 年 6 月 13 日,长江江豚拯救联盟在武汉成立。涉及中华鲟、长江江豚保护的政府主管部门、科研部门、保护区、爱心企业、公益组织和公众共同在同一平台上协作,发挥各自优势,找准切入点,合理定位,朝着共同的目标前进,初步形成政府管理与社会化参与长江大保护的热潮。

2017 年,中央一号文件提出"率先在长江流域水生生物保护区实现全面禁捕""启动长江经济带重大生态修复工程,把共抓大保护、不搞大开发的要求落到实处"。十九大报告进一步要求"以共抓大保护、不搞大开发为导向推动长江经济带发展""实施重要生态系统保护和修复重大工程,优化生态安全屏障体系,构建生态廊道和生物多样性保护网络,提升生态系统质量和稳定性"。

2017年11月24日，农业部发布《关于公布长江流域率先全面禁捕的水生生物保护区名录的通告》，公布列入率先禁捕范围的332个水生生物保护区，推动从2018年1月1日起逐步施行全面禁捕。

2018年9月24日，国务院办公厅印发《关于加强长江水生生物保护工作的意见》，要求牢固树立和贯彻落实创新、协调、绿色、开放、共享的发展理念，坚持保护优先和自然恢复为主，强化完善保护修复措施，全面加强长江水生生物保护工作。

2019年1月，农业农村部、财政部、人力资源和社会保障部联合发布《长江流域重点水域禁捕和建立补偿制度实施方案》，明确具体实施和执行长江水生生物保护的策略和措施。

（二）公众参与的积极作用

公众参与是发展社会主义民主建设的重要组成，是实现国家善治的必要前提，同时也是推进生态文明建设的重要措施之一。[①] 长江生态需要保护，渔民要转产转业，而渔政人手又严重不足，那可否参考公安机关中的辅警制度，把渔民中一部分能力强、思想新、愿意从事环境保护工作的渔民转产，协助渔政加强水生生物资源保护？

2017年6月15日，在长江生态保护基金会和SEE基金会的推动下，全国第一支在渔政部门指导下由退捕渔民组成的协助巡护队在江西湖口成立。由此，"捕鱼人"转型成为"护鱼护豚员"的大幕正式拉开。

由退捕渔民转产而来的协助巡护员有着渔政工作人员所不具备的"特殊技能"。协助巡护员熟悉各类船只的驾驶技术，渔船种类五花八门，有时渔政员在抓住违法捕捞的船只后因为不熟悉渔船的驾驶方法，若是违法渔民不配合很难将船只带回渔政部门处理，而渔民出身的协助巡护员就可

---

① 胡凌艳：《当代中国生态文明建设中的公众参与研究》，2016年。

以熟练地将船只开回。同样是因为渔民出身，协助巡护员了解非法捕捞的时节、地点和主要人员，在地形复杂的湖心岛、芦苇荡，协助巡护员可以轻松地找到渔政员找不到的路线，进而抓到违法捕捞的船只。

工作中的协助巡护员

协助巡护员中的 80% 以上来自转产转业的渔民，文化程度普遍较低。为解决这一短板问题，各示范点每月组织学习，项目整体组织协巡员培训班、协巡宣传员培训班十余期，邀请中科院水生生物研究所、长江水产研究所的权威专家讲解江豚、中华鲟等的救护知识。协助巡护的试点示范坚持高标准、高要求，在常规巡护记录的基础上要求协助巡护员使用科学手段有效记录巡护轨迹、时间、里程等参数，在发现非法捕捞等事件时拍下照片等形成有效证据，并将证据快速发给执法部门。协助巡护的专业手机应用——江豚管家 App 随之产生。在 App 后台可以查询到每位协助巡护员在试点期间的巡护工作记录，并进行统计分析。所积累的数据，也将在大数据时代的科研需要中发挥更加重要的作用。该 App 目前已更新到 2.0 版本，在满足协助巡护基本需求的同时，优化体验，注重违法事件的公示，同时增进交流和合作功能。

协助巡护试点工作的开启，鼓励了有条件的基层渔政部门先行先试协助巡护制度，组织渔民成立协助巡护队辅助渔政执法，为渔民转产转业和江豚等重要水生生物保护探索出一条创新可行之路，成为公益组织参与渔业监督管理的先行案例。

三、为守护生命长江探索一条新路

（一）协助巡护项目的试点示范

探索实施协助巡护制度主要用到"调研与讨论法"和"试点与示范法"。首先，在新制度制定前期，通过借助以往经验，调研鄱阳湖、洞庭湖等地后，形成初步方案，经过专家讨论和论证，得出试点方案，并在试点与示范取得有效经验后，逐步完善并扩大推广。

2017年6月，40名昔日的捕鱼人转型成为护鱼护豚的协助巡护员。当年7—12月，40名协助巡护员有效巡护1.4万千米，协助抓获或拆毁非法捕捞船只或渔具200余条，保护了江豚和渔业资源，对非法捕捞形成了一定的威慑力。

得益于协助巡护示范工作的显著效果，截至2018年6月，项目扩大到建立协助巡护示范点11个，发展协助巡护员106名，示范点分布在长江干流的扬州、安庆、宜昌、宜宾，洞庭湖的岳阳，鄱阳湖的九江、湖口和鄱阳，以及天鹅洲保护区、何王庙/集成垸保护区、新螺保护区。协助巡护工作不仅涉及江豚保护，还在湖北宜昌中华鲟保护区和四川宜宾长江鲟保护区把中华鲟和长江鲟列为重点保护对象。

协助巡护项目把无序的民间巡护转化成有序的系统巡护，效率增强，在11个示范点取得了良好效果。经过两年左右的试点示范，江豚、中华鲟、长江鲟等重要旗舰物种的重要栖息地周边的"迷魂阵"等非法渔具被基本清除，洞庭湖等地的采砂活动被全面停止，电捕鱼等非法捕捞行为明显减少。在协助巡护员的带动和宣传下，周边居民的保护意识也日益增强。

（二）协助巡护制度的形成

2017年6月—2019年6月的实践证明，协助巡护项目可以有效弥补渔政执法人员的人手缺口，切实协助各级渔政管理部门解决长江大保护中的生态环境问题，同时在渔民转产转业的大潮中，发挥渔民优势，适当解决部分渔民转产转业问题。

2020年11月24日，农业农村部办公厅、人力资源和社会保障部办公厅、财政部办公厅联合印发《关于推动建立长江流域渔政协助巡护队伍的意见》，要求长江流域各省建立协助巡护队伍，以满足常年禁捕新形势新任务需要，确保长江禁捕取得扎实成效。农业农村部原部长韩长赋不仅在长江禁捕会议上指出"一江两湖七河"227个重点县应该有协助巡护的队伍，而且在基层调研中多次接见协助巡护员（在四川宜宾、湖南岳阳、江西湖口等地），与协助巡护员亲切交谈，关心协助巡护员的生活。

（三）"双碳"背景下的协助巡护制度推广

截至2021年9月，长江流域已建成渔政协助巡护队伍317个，约9040人，形成了初步的影响力、战斗力，成为长江渔政管理部门的重要辅助力量，既解决了转产渔民的生计问题，也发挥了渔民水中作业的强项，还能弥补禁渔执法力量的不足。

项目组也在农业农村部长江办的指导下，联合上海海洋大学将协助巡护工作四年来获得的经验编写成《长江大保护协助巡护操作手册》，供各地开展协助巡护工作参考。同时，项目发起方还发起了"零碳长江"项目，按照"增量零碳、存量低碳"的原则，凝聚企业家精神，整合社会资源，并发挥会员企业优势，以"百城零碳联合行动，千企双碳创新转型"行动为先导，构建集应用政策研究、能力建设、宣传推广及平台打造于一体的支撑系统。

在"双碳"背景下，项目组会继续积极筹集善款以支持全长江流域的协助巡护员的能力提升和装备提升等工作。同时也在思考和探索，在协助巡护员的现有协助渔政部门保护水生生物工作以外，丰富其工作内容，如积极宣传低碳减排等国家政策，举报非法排污，开展跨部门、跨领域的合作，以适应现实环境需要而更迭工作内容，在守护生命长江的同时，为更早地向零碳长江迈进而不断努力！

第四章
Chapter 4

绿色公益与商业可持续解决方案

第一节　商业可持续中的公益解决方案①

如果说"永续"是编码于生物体基因中的原始使命，那么在现代商业语境下，这种使命则可以被翻译为"可持续"。

可持续思想根植于人类社会的整个发展历程并不断演进，直至20世纪80年代前后形成了现代社会的可持续理念。1987年，联合国提出的"可持续发展"定义——既能满足当代人的需要，又不对后代人满足其需要的能力构成危害的发展，成了"可持续发展"最通行的定义。

2015年，联合国《2030年可持续发展议程》明确了17个可持续发展目标，即现今广为人知的SDGs（Sustainable Development Goals）。可持续发展目标兼容并包，是指导2015—2030年全球发展的行动纲领。

在中国，从20世纪90年代起，可持续发展就从实现现代化的一项重大战略上升为国家战略。而后，中国于2003年提出了"以人为本、全面、协调、可持续"的科学发展观，于2015年进一步提出了"创新、协调、绿色、开放、共享"的新发展理念。

2020年，中国迈入碳中和元年。碳达峰、碳中和目标作为实现可持续发展的内在需求，成为推动经济高质量发展和生态文明建设的重要抓手，进而成为国家重大战略决策。②

经济的高质量发展离不开商业部门的参与。具体到商业的可持续发

---

① 感谢pta植物联盟发起人柴育卉、程丹，《可持续发展经济导刊》记者胡文娟，中华环保联合会绿普惠专委会秘书长蒋南青，商道纵横合伙人郎华，以及中国工业经济联合会企业社会责任促进中心主任王晓光等专家（按姓氏首字母排序）对本节内容的宝贵贡献。

② 环境茶座：《新达峰目标和碳中和愿景，是实现可持续发展的内在需要》，2020年12月。

展,纵观世界,尚无放之四海皆准的指标体系,对于不同的商业细分领域,更有各自侧重的可持续发展议题。但归根结底是社会、环境、经济和机构治理四个维度的均衡问题。

从商业主体的角度出发,商业可持续发展可以说是企业社会责任的一种延伸和演进,其理论基础来源于"利益相关方理论"与"三重底线原则"。利益相关方理论简而言之是指企业不仅要对股东负责,也要对各利益相关方负责;而三重底线指的就是经济、社会、环境三个维度的基本要求。近年来广为流行的 ESG(环境、社会、公司治理)分析框架就是由三重底线原则发展而来的。可以说,企业社会责任、企业可持续发展、ESG 三者相互交叉,没有明确的边界,也可以说,企业履行社会责任是实现商业可持续发展的行为或路径。

一、中国商业可持续发展的现状

在中国的商业领域,可以从企业的可持续发展信息披露情况一窥商业可持续发展的现状。《中国上市公司环境责任信息披露评价报告(2019 年度)》显示,2019 年中国沪深股市上市公司总计 3939 家,已发布相关环境责任报告、社会责任报告及可持续发展报告的有效样本企业共 1006 家,占所有上市公司数量的 25.54%。[1] 如果把非上市企业也纳入考量,这一比例会更低。由中国可持续发展工商理事会和中国企业联合会共同发布的《2020 中国企业可持续发展指数报告》显示,样本企业总体的可持续发展表现呈上升趋势;但在"竞争力""环境""社会"三个考察维度中,样本企业在"环境"维度的表现最弱。总体而言,中国的商业可持续发展处于起步阶段,仍有广阔的发展空间。

---

[1] 《〈中国上市公司环境责任信息披露评价报告(2019 年度)〉发布》,《光明日报》2020 年 11 月 19 日 08 版。

在我们的视野范围内，中国商业可持续发展的进程主要存在着两个层面的问题。

（一）宏观层面

在宏观层面，商业可持续在业界尚无明确、清晰的定义，也没有公认的评价体系。一个权威、完善的衡量标准，可以为企业明确可持续发展的前进方向，也可以对企业可持续发展进行量化，从而转化为企业的市场价值。现有的相关衡量标准都在企业类型上有所局限，例如，香港联合交易所的《环境、社会及管治报告指引》仅对在港交所上市的企业做出要求（上海证券交易所和深圳证券交易所也有相关披露要求，但仅针对上市企业）；国务院国有资产监督管理委员会的相关指导意见仅针对中央企业或国有企业；中国企业评价协会发布的《中国企业社会责任评价准则》属于团体标准：均未能形成广泛的覆盖。换言之，一套指标体系的缺失，使商业可持续性对企业而言无法成为可比较的投资价值，也就难以向企业提供在这个方向上前进的动力。

此外，社会、市场还不具有足够的可持续氛围，主要有以下三个角度的体现。第一，资本市场向企业提供的可持续发展驱动力不足。尽管企业在环境、社会、公司治理三个维度的表现都与企业的生存和长期利益息息相关，但归根结底，商业机构仍然是受利益主导的，因此资本市场是商业可持续发展的主要驱动力。目前可以观察到，主流投资者对ESG的关注度在不断提高，如MSCI在2021年预测[①]，57%的亚太地区机构投资者将把ESG因素纳入投资分析和决策流程。然而如前所述，受制于一个公认的指标体系的缺失，企业可持续发展的商业价值难以得到很好的量化，因此难以有效地通过资本市场传递给企业。第二，消费端向商业部门提供的市

---

① MSCI: *Investment Insights 2021*.

场反馈不足。近年来不少针对主流消费群体的调查显示，消费者对"可持续""低碳""绿色"等理念已经有了广泛认知，并且也有选择可持续产品的意愿和需求。但是消费群体尚未在可持续领域做到知行合一，这反映在需求端的实际消费行为和意识存在脱节或滞后。而在供应端，一方面市场上可持续产品的选择不够丰富；另一方面关于产品可持续性的认证体系尚未形成，消费者无法获取产品的相关信息，即使已经具备可持续消费观，也难以贯彻。因此消费端尚未向商业部门提供充分的市场反馈，也即未能形成足够的驱动力。第三，商业部门内部的可持续发展氛围不强。企业天生具有竞争的属性，发展过程中会在各个维度上与同行进行比较，与领军企业进行对标。而可持续发展这一维度的同行压力尚不明显，也没有形成良性的羊群效应。

（二）微观层面

在微观层面，也就是对商业主体而言，企业或其管理层在可持续发展上的意识不到位，仍是一个较为普遍的问题。在传统认知中，企业社会责任与企业的经营目标相互割裂，是额外的"善举"，或仅仅作为树立企业形象的一种手段，与市场营销挂钩。企业的实际管理者也可能出于业绩压力等原因，着眼于短期利益，未将长远发展视为己任。同时，与前述宏观层面的原因相关联，企业的经营者也很难直观而充分地认识到可持续发展与商业价值之间的关系，亦对企业在气候、环境、资源等问题下面临的风险没有清晰的认知。在企业内部，没有管理层自上而下的贯彻以及体系化的管理架构，可持续发展议题很难与企业的经营形成有机的整体。

而对于已经或正在建立可持续发展观念的企业而言，也存在开展相关工作能力不足的问题。一方面，企业可能缺乏可持续发展领域的人才，或缺乏人手专职负责企业的可持续发展议题；另一方面，企业也因为缺乏科学而专业的指引，不知从何入手开展相关工作。企业基于所处领域和自身特点，可持续发展议题的侧重点各不相同，需要通过科学的方法进行识别和应对。

2020年，因为"双碳"目标的提出，中国的商业可持续发展迎来了历史性的变革机遇。碳中和获得了市场与监管部门的强烈关注，塑造了前所未有的社会氛围。商业部门开始意识到，企业的低碳转型和对"双碳"目标的回应关系到企业的生存发展。应对气候变化与可持续发展不再是可有可无的愿景，而是企业的必尽责任，不采取行动可能会被淘汰。同时，不少企业家也认识到，响应"双碳"目标不应是被动行为，而是企业重塑绿色竞争力、把握市场先机的机遇。在各界纷纷投入学习和研究的同时，一些领军企业已经启动了碳中和目标和路线图的制定工作，更多的企业则表达出向同业的先进企业对标的意愿。

二、公益部门如何促进商业可持续

可持续发展议题自提出以来不过短短四五十年，我国乃至全球的商业可持续发展相关政策和市场机制还需要一个成熟的过程，且政策和市场皆有其发育规律和局限性。此时，公益部门的干预就尤为不可或缺并显示出独特的价值。

针对商业可持续发展中存在的挑战，公益部门有与之对应的干预角度。

第一，在道的层面，公益部门可以在商业可持续发展思想体系的梳理、构建及价值观引领方面发挥作用；而在术的层面，公益部门可以通过推动规则或标准的制定，帮助本土商业部门建立起相同或相似的话语体系。例如，由全球环境信息研究中心（CDP）、联合国全球契约组织（UNGC）、世界资源研究所（WRI）和世界自然基金会（WWF）等国际机构共同发起和推动的"科学碳目标倡议"（SBTi），成为全球最大的商业气候行动倡议。一个认知度高且可实际应用的体系，可以成为指引企业前进方向的灯塔，帮助企业融入可持续发展行动的浪潮。在国内，行业组织在这一领域的发力较多，如中国水泥协会发布了《水泥企业社会责任准则》及配套的报告编写指南和评价指标体系。在民间层面，也已经可以看到一些尝试，如中国可持续发展工商理事会的"中国企业可持续发展指数"，以及社会价值投资联盟的"义利99"A股上市公司可持续发展价值评估。但这些尝试的覆盖范围仍然有限，尚未发展为普遍适用的话语体系。因此，公益部门在这一领域的发力空间还十分广阔。

第二，公益部门应该发挥优势，营造可持续发展的社会氛围。一是帮助建立企业和消费者之间的价值链接，通过消费者的可持续消费行为倒逼企业的产品和商业模式改变；二是引导社会资本流向绿色领域，支持绿色创新；三是引导投资者从长期视角出发配置资本，将企业的可持续发展表现纳入决策过程，从而促使投资标的审视自身的风险和可持续性，做出行为改变。在互联网时代，社会氛围较之过去更容易转化为市场行为，为公益部门营造正面的社会氛围提供了可能性。

第三，公益部门的倡导和推广是企业提升认知、建立可持续发展价值观的重要途径。基于各类研究发现和各领域的先进经验，公益部门能够将知识、实践传递给商业部门，帮助企业降低可持续发展信息的获取成本，并通过相对独立、客观的立场，发挥纠偏纠错的作用。与此同时，公益部门的相关研究成果和经验总结还能为政策制定提供支持，从自下而上和自上而下两种途径推动社会的商业可持续认知。

第四，企业在可持续发展议题上能力不足的问题也是公益部门的核心发力点。公益部门常用的赋能方式包括向企业提供能力建设培训，开发实用性工具、指引，推动和支持试点示范项目等。通过公益部门的倡导、支持和推广，领先企业的示范行为可以带动价值链企业的参与，也可以促使其他企业效仿和对标。此外，与政府和商业部门相比，公益部门虽然在资金规模上相对有限，但对财务回报没有绝对的追求，因而可以投向一些创新领域，提供试错的机会。

第五，在帮助商业部门应对可持续发展的挑战之外，公益部门还可以基于第三方的地位和独立的视角发挥监督功能，例如，监测企业的环境违规情况，推动企业可持续发展信息披露，以及通过公益诉讼等方式，代表利益相关方发声、维权，敦促企业正视问题、解决问题。

第六，从更为综合的角度而言，公益部门需要在社会网络中承担可持续发展发动机的角色。公益部门可以且应当发挥资源整合、跨部门链接、利益相关方联动等主导作用，作为公益网络或平台的枢纽，构建推动可持续发展的生态圈。以中国企业气候行动（CCCA）倡议为例，其使命就是发挥平台的功能，联合企业、行业协会、研究机构、公益机构等多方力量，共同推动全产业链、产业群的碳减排和可持续发展，并带动市场、行业及政策走向。总体上看，目前国内的公益部门在规模和能力上有很大的成长空间，但仍然可以集中资源，针对生态圈的薄弱之处和商业可持续发展的痛点、难点发力。

三、公益解决方案的优势

对应上述公益部门的干预角度，我们将商业可持续中的公益解决方案划分为九种形式，其对应关系如下图所示。这些解决方案，有的已经形成了由国内公益机构主导的成熟模式。

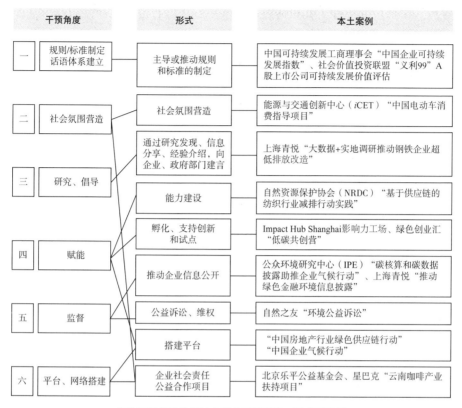

商业可持续公益解决方案的干预角度、形式及案例

这些解决方案所体现出的公益机构对我国商业可持续做出的贡献，主要表现为以下几个方面。

第一，公益机构的参与可以填补政策与市场机制的空白。政策的生效和市场机制的发育往往具有滞后性，尤其在面对"可持续发展"这样一个前瞻性议题时，政策和市场机制都可能无法及时响应，甚至失灵。而公益解决方案往往具有预测和预防的性质，对政策和市场机制的缺失进行有益的补足。

第二，公益解决方案重在"授人以渔"。秉持着"赋能"的核心价值观，公益机构在开展和商业领域相结合的项目时尤其注重形成可持续、可复制、可推广的模式,并将项目获得的经验教训开放共享,进而促进良性"渔业生态"。

第三,公益解决方案有助于促进利益相关方的沟通对话。公益机构所面对的不仅是企业,还包括政府、社区、消费者等群体,因而必须具有多元、包容的视角,关注各利益相关方的需求。在把各利益相关方纳入对话和决策的过程中,公益解决方案也创造了达成共识、促成合作、形成合力的契机。

第四,公益解决方案可以帮助商业机构量化其行为的外部性。商业行为的外部性往往难以在市场中得到正确的反映,而公益解决方案则要识别这些外部性,并将其纳入成本效益分析,进而在解决方案中消除或减少负外部性,放大正外部性或使其价值得以表达。

第五,公益解决方案能够形成示范效应。商业可持续发展离不开跨部门合作,由公益机构主导的项目模式为部门间的合作和共同成长描绘了更多的可能性。同时,为商业可持续提供公益解决方案,也是对公益机构自身专业度、公信力、创新能力、担当与探索精神的多维度检验,这些尝试和探索为更广泛的参与和实践建立了参照系,可以供公益部门内部及其他部门借鉴。

需要看到的是,国际机构也在商业可持续发展的各领域有所参与和贡献,鉴于本节聚焦本土公益部门,故不再做更多讨论。总体来说,这些公益解决方案展现了公益机构的使命感和前瞻性。但无论是从国内公益部门的整体发展阶段而言,还是从项目、案例的数量和规模而言,我们仍然可以说,商业可持续的公益解决方案方兴未艾,发展空间十分广阔。

第二节　第三方观察：钢铁行业超低排放

一、引言

钢铁行业是我国国民经济的重要基础产业，粗钢产能占全世界的一半以上。同时，钢铁行业工艺流程长，产污环节多，污染物排放量在总排放量中的占比高，且与当地环境质量相关性较强，已经被国家列入超低排放重点推进行业，计划在2025年年底前完成全国80%的钢铁产能改造。

"双碳"目标下，作为全国碳排放量占比第二的行业（仅次于电力行业），钢铁行业任重道远。

推动钢铁行业绿色转型、实现碳中和，对于我国的环境保护有着十分积极的意义。国家政策的实施、企业的自主转型、行业协会的引导、公众的第三方监督，多方努力才能更有效地推动钢铁企业的绿色发展。

二、背景

（一）不仅是排污大户，钢铁行业碳排放同样惊人

2020年6月8日，生态环境部、国家统计局、农业农村部三部委正式发布《第二次全国污染源普查公报》。

据普查，2017年，钢铁行业大气污染物排放量分别为二氧化硫82.31万吨，占全国的11.82%；氮氧化物143.42万吨，占全国的8.03%；颗粒物131.12万吨，占全国的7.79%。

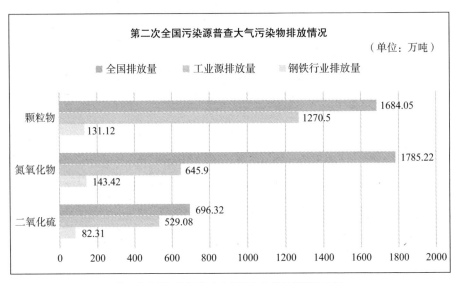

第二次全国污染源普查大气污染物排放情况统计图

据中国钢铁工业协会统计，钢铁行业碳排放量占全国碳排放总量的15%左右，是我国碳排放量最高的制造业行业。"十四五"期间，钢铁行业将被纳入全国碳排放权交易市场。

2020年10月，国际能源署发布《世界能源技术展望2020——钢铁技术路线图》，其中基线情景预测，按照目前各国公布的政策，预计2050年全球钢铁需求量将在2019年18.5亿吨的基础上增长40%，约7亿吨。但是根据可持续发展情景预测，为了实现《巴黎协定》的温控目标，钢铁行业的碳排放量必须至少减少50%，到2050年全球钢铁需求量只能增长10%，约1.8亿吨。

因此，切实减少吨钢碳排放水平，是所有钢企，特别是中国钢企所面临的重大考验。

推动钢铁行业实施超低排放改造，特别是推动钢铁企业进行结构性减排改造，对减污和降碳都有着积极的作用。

（二）排污大、改造难，钢铁企业超低排放进程困难重重

排污量大、排污环节多、环境管理困难，是钢铁企业面临的主要问题。要实现全行业超低排放改造，任务非常艰巨，困难重重。

上海青悦①在长期观察中发现，钢铁企业的自行监测数据公开状况并不理想。部分地区由于整个自行监测数据公开平台故障，导致该地区的钢铁企业数据无法有效公开供公众查阅。但大部分钢铁企业，还是由于企业自身并未重视自行监测数据的公开问题，数据不公开或公开不全。甚至有极个别企业，铤而走险，进行监测数据造假。能比较好公开自身自行监测数据的钢企，数量十分有限。从上海青悦收集并统计分析的 2020 年第 4 季度钢铁企业自行监测数据来看，仅有两成左右的钢铁企业能够较好地公开数据。

自行监测数据，是公众、NGO 等第三方参与监督企业达标排污的有效着手点之一。特别是，超低排放本身也要依赖自行监测数据去进行评估。那么，保障其准确有效的公开就变得相当重要，更需要像上海青悦这样的长期关注自行监测数据公开问题的 NGO 等力量，来持续跟进并推动数据公开及超低排放。

除了统计分析自行监测数据，实地调研对全方位评估钢铁企业超低排放改造工作也十分重要。部分问题无法通过在线数据反映出来，特别是无组织排放和清洁运输的管理情况，都需要实地调研来判断。

三、参与——六家环保组织助推钢企超低排放进程

为了更好地从第三方的角度去观察钢铁行业超低排放改造工作，上海青悦于 2020 年 9 月 4 日发出《钢铁行业超低排放第三方观察指标征求意

---

① 上海青悦，即上海闵行区青悦环保信息技术服务中心，致力于推动环境信息公开、环境数据开放，并利用信息技术推动环境保护。其业务主管单位为上海市闵行区生态环境局。

见稿》，公开向社会各界征求意见，以确定具体的观察内容。

征求意见发出之后，上海青悦收到了钢铁企业、监管部门、学术机构、NGO 等多方的反馈，累计修改了 3 版，形成了观察指标体系，分别从有组织排放、无组织排放和清洁运输三个方面的多个观察指标去实地考察钢铁企业表现。

此后，上海青悦联合河北绿行太行、安徽绿满江淮、空气侠、武汉行澈环保、青岛清源五家环保组织，以及通过"3 小时公益平台"发动公众共同参与，对钢铁企业实际表现进行调研。为了便于观察记录，上海青悦还利用自身技术优势，开发了微信及支付宝小程序，以供在线提交观察结果。

上海青悦和五家环保组织伙伴

"设计第三方观察指标体系，通过对自行监测数据进行统计分析，再联合环保组织实地观察"，上海青悦用自己的实践，为环保组织推动钢铁企业超低排放走出了一条新路子。而这在未来也可以应用到其他开展超低排放改造的行业。

四、行动

（一）充分利用大数据优势，发现并推动解决有组织排放问题

与国内正在推进的"排污许可制"相结合，上海青悦充分利用自身的信息技术优势，对钢铁企业排污许可执行报告等环境信息进行大数据分析

和计算。

1. 分析钢铁企业排污许可执行报告、自行监测数据披露情况

上海青悦通过对近 900 家钢铁企业环境信息的计算和梳理,发现无论是执行报告还是自行监测数据,都存在一些问题。例如,企业应按照要求发布却未发布,执行报告填写不规范,自行监测数据信息与排污许可平台数据信息不一致,自行监测数据发布稳定性和质量不足,等等。

2. 计算钢铁企业真实排放水平

除了分析数据披露情况,上海青悦还通过对钢铁企业自行监测数据进行计算,来评估企业的真实排放水平,判断它们是否达成超低排放的要求。

同时,上海青悦开发了钢铁行业超低排放在线分析平台,月度更新钢铁企业超低排放进展情况等,并对公众开放。

3. 检查完成超低排放改造公示的钢铁企业公示文件

截至 2021 年 3 月底,全国已有 15 家钢铁企业在中国钢铁工业协会网站上进行备案公示,全部或部分完成超低排放改造。通过对公示企业的公示文件进行查看,上海青悦发现即便是已经完成超低排放改造的企业,也有部分存在问题。

例如,某钢铁企业已完成超低排放改造公示,但其在自行监测平台上却未能正常公开自行监测数据,大部分排污口都无法查询到对应的排放数据。也有企业未完成全部有组织排放部分的超低排放改造,某些监测因子尚未达到要求,但也进行了公示。

针对发现的上述问题,上海青悦积极同中国钢铁工业协会进行联系,反馈发现的问题及对应的建议,推动其澄清超低排放改造公示相关要求,加强对企业公示质量的控制。

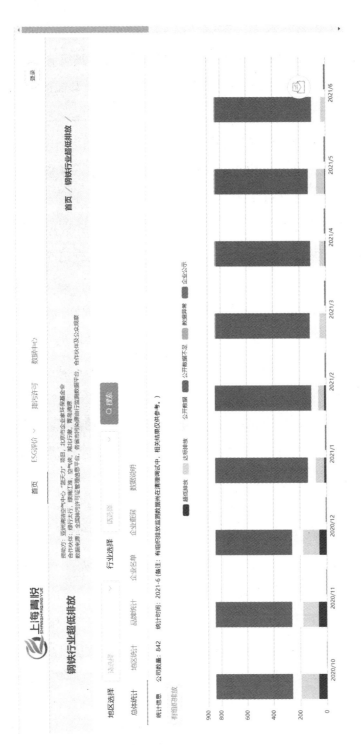

上海青悦钢铁行业超低排放在线分析平台

（二）实地调研清洁运输与无组织排放进展

五家合作环保组织通过人工观察及借助无人机等科技设备，对64家钢铁企业的超低排放进程进行了实地调研。

1. 钢铁企业清洁运输情况调研

通过实地观察发现，钢铁企业在清洁运输方面表现尚可，暂时没有发现有运输车辆冒黑烟的情况，但存在车身清洁不够到位的问题，容易造成道路扬尘。

某钢铁企业清洁运输车辆车身不洁净（武汉行澈环保供图）

2. 钢铁企业无组织排放情况调研

在无组织排放方面，钢铁企业存在的问题比较突出。如生产场所密闭不严造成的烟气溢散问题；又如物料覆盖或场所喷淋除尘不到位，导致在原材料存储运输、钢铁生产、成品运输等环节扬尘问题比较突出。

在整个调研过程中，各个环保组织积极与相关企业和监管部门沟通，通过提交翔实的图片、视频等资料，帮助企业整改，协助监管部门执法，获得了多家企业的积极反馈以及监管部门的肯定。

某钢铁企业无组织排放问题（绿行太行供图）

某钢铁企业废渣覆盖裸露问题（武汉行澈环保供图）

（三）发布报告，引起更多利益相关方关注

除了影响地方生态环境部门、行业协会、企业，如何发动更多利益相关方关注并推动问题解决也是一个重难点。上海青悦和五家合作环保组织通过不断发布相应的微信文章或报告，吸引更多关注并助推问题解决。

上海青悦与合作伙伴汇总实地调研及在线分析结果，形成《钢铁行业超低排放第三方观察分析报告》，并于 2021 年 3 月 18 日正式召开线上研讨会并发布相关调研成果。

研讨会上，除了发布报告，还有来自冶金规划研究院、中科院科技战略咨询研究院、太钢不锈钢安环部的专家做了超低排放政策、实践等方面的分享，吸引了来自投资分析机构、钢铁企业、智库、NGO 等组织的 40 余位国内外嘉宾线上参与。相关工作也得到了《中国环境报》的联合推动，有《去钢铁企业现场调研超低排放都发现了什么问题？》等报道。

五、展望

（一）挑战依然严峻，钢铁企业需要更加努力

目前，整个钢铁行业超低排放改造仍在持续进行中。多地已经明确发布政策，对于未完成超低排放改造的钢铁企业，实施水电费加价的举措来

倒逼企业进行改造；对于已完成超低排放改造的钢铁企业，给予不同程度的优惠政策，例如，执行环境保护有关税法的税收优惠，给予奖励和信贷融资支持，实施差别化电价政策，在重污染天气预警期间实施不同的停限产措施，等等。

随着"双碳"目标的提出，钢铁企业除超低排放外，还需要在降碳方面做出艰苦努力。

（二）公众监督不可或缺，环保组织仍需要更多探索

通过第三方观察行动，环保组织同一些钢铁企业建立了联系，有一些钢铁企业十分积极地响应并沟通问题。同时，环保组织在行动中所发现的一些问题也引起了地方生态环境部门的充分重视，问题得到了积极核查和反馈。但也有些企业和当地政府反馈不积极，或者不反馈，需要进一步推动。

此外，上海青悦就在超低排放改造钢企的公示中所发现的问题，同中国钢铁工业协会进行了沟通和交流，提出了关于公示流程和标准的具体改进建议。

下一步，如何把钢铁行业超低排放进展纳入 ESG 评级流程，通过绿色金融机制来进行激励和约束，还需要进一步探索。

公众监督，永远是不可或缺的力量。但是，钢铁生产过程比较复杂，普通公众如果没有相应的知识与经验积累很难准确判断钢铁企业的超低排放是否存在问题。此次行动过程中，上海青悦尝试通过阿里巴巴"3 小时公益平台"来发动公众参与对钢铁企业的观察和监督，取得了一定的效果，有部分志愿者提交了合格的观察记录，但仍然十分有限。目前的参与要求，对于普通公众而言，仍然有一定的难度，特别是远程在线参与的难度更高，还需要进一步优化。

全球气候变化带来的压力，使得技术创新更加迫切。使用更加清洁的能源，加强废旧钢铁回收，转向电炉短流程炼钢、氢能炼钢等都需要钢铁行业做出更多的探索。

在这一过程中，环保组织又能发挥何种作用，也需要不断探索。

六、结语

通过与钢铁行业超低排放各个利益相关方沟通交流，开发出超低排放评价指标体系及在线分析平台，并运用"大数据+实地调研"的方式，更加有效、快速地对超低排放进展及所存在的问题等提出改进建议，上海青悦与合作伙伴们做了大量尝试，并取得了一定的成果。

在钢铁行业绿色可持续高质量发展的道路上，环保组织将继续发挥自己中立的立场，通过大数据技术、贴近真实的调研等工作方式，推动钢铁企业切实达成减污减碳目标，早日实现碳中和。

第三节　数据透视助力绿色金融

一、引言

上市公司及绿色债券等环境信息披露水平不高，会导致资本市场上的信息不对称、"漂绿"等现象频发、资源不能得到合理有效配置、绿色金融效率不高、资金投向不精准等问题，为此，中国人民银行等七部委发布了《关于构建绿色金融体系的指导意见》，将环境信息披露作为重要的基础性工作，并提出了明确要求。

上海青悦利用大数据技术，关联企业环保信用数据与金融领域投融资数据，对 IPO 信息、发债信息、上市公司年报 / 社会责任 ESG 报告、绿色公司债券定期报告等已披露环境信息进行检查，对绿色公司债券环境绩效披露情况进行检查，联合各地环保组织推动环境信息披露，建设健康绿色金融。

上海青悦把绿色金融作为自己的核心工作之一

二、走绿色可持续发展之路

1. 全力推动生态文明建设

2012年11月，党的十八大首次提出了"大力推进生态文明建设"的战略决策。金融，作为经济发展的支柱，起着相当重要的作用。

支持绿色企业发展，鼓励传统企业进行绿色改造，减少污染物排放，推动企业环境友好，这些都离不开绿色金融的大力支持。

2. 碳中和背景下更需要透明的环境信息

2020年9月22日，习近平主席在第七十五届联合国大会一般性辩论上宣布，中国将提高国家自主贡献力度，采取更加有力的政策和措施，二氧化碳排放力争于2030年前达到峰值，努力争取2060年前实现碳中和。

想要实现碳中和，首先要落实碳达峰。这样一来，企业的排污信息披露,特别是碳排放相关污染物的排放信息披露,就显得更加重要。

而有了更透明真实的环境信息,才更有利于绿色金融精准支持整个产业转型升级,增加对绿色环保产业的支持,减少对高污染高能耗行业的投入或者促进其转型。

3. 上市公司环境频频"暴雷",企业环境信息披露不足问题凸显

一方面,生态文明建设理念深入人心,党和各级政府、广大人民群众不断学习并践行生态文明建设;另一方面,随着证监会对上市公司环境问题的关注,多家上市公司因环保问题"暴雷",导致股价暴跌,甚至面临退市危机。

造成这些上市公司被监管部门处罚的直接原因是上市公司未正确履行自己的信息披露义务,未如实披露自身的环境信息,尤其是环保处罚信息。

三、绿色金融,需要透明的环境信息

排污信息、环境违规信息,往往是企业不愿意主动披露的信息。从上海青悦实际的沟通来看,出于掩饰自身环境管理问题的考虑,或者只是不希望引起太多关注,无论是环境表现好还是表现差的企业,很多都不主动做好相关的信息披露。

在强制性环境信息披露制度不够完善时,大多数企业都选择不披露或模糊披露相关信息。即使已经有了披露要求,在缺乏强力监管的情况下,仍有相当一部分企业选择钻空子,并没有完全按照监管要求披露相应的信息。

上市公司数量庞大,监管力量又相对有限。因此,完善的信息披露更需要的是企业的自主性以及必不可少的第三方监督力量。

监管、企业自主性、第三方监督,三者必须有机结合,任何一者的缺失都有可能造成信息披露不足的问题。

四、善用大数据，推动企业环境信息披露

为了解决上市公司环境信息披露存在的诸多问题，上海青悦在北京市企业家环保基金会、阿里巴巴公益基金会、中国扶贫基金会等公益基金会的资助下对环境和证券相关的法律、政策、规章等进行了调研，确定了上市公司和非上市公司的检查评估模型，并邀请专家指导优化，联合全国十多家环保组织，启动了上市公司与发债企业环境信息披露相关推动工作。

根据评估模型的设计，上海青悦利用自身的技术优势对企业环境信用信息（以违规信息为主）、IPO信息、公司债券信息、绿色公司债券信息、上市公司年报/半年报、ESG/CSR报告等投融资数据等进行收集，形成"环境＋投资"大数据库。

通过对上述两类数据的交叉计算，再结合人工的检查复核，产出相应的结果。对于非上市公司，上海青悦主要聚焦其在发行公司债券时的环境违规信息披露。对于上市公司，除了IPO及公司债募集时的环境违规信息披露，其年报、半年报及ESG报告等定期报告的环境信息披露也都在检查范围之内。

上海青悦绿色金融环境信息披露相关工作业务流程

对于在检查过程中发现的存在披露问题的企业，上海青悦与各地NGO合作伙伴会优先选择主动同企业进行沟通，推动企业主动完善相关信息披露。部分企业在主动沟通之后，会积极响应，完善自身信息披露；但仍有

企业选择不沟通或不积极承诺完善自身信息披露，对此，上海青悦会向证监会、交易所等监管部门反馈，借助监管力量，推动这些企业进一步完善信息披露。

五、跨界、破圈，环保 NGO 也可以有大力量

作为环保 NGO，对金融方面知识的把握是有限的，为了克服这方面的局限性，一方面，上海青悦积极自学，积累相关金融知识，并邀请绿色金融领域的学者和相关从业人士做顾问，如邀请复旦大学绿色金融研究中心、香港城市大学等的专家进行指导；另一方面，上海青悦也积极对外输出，通过培训、沙龙等形式与其他机构互相交流学习，如联合国内著名 ESG 服务机构商道纵横组织了两次正式的在线培训，为全国其他和上海青悦一样有心推动绿色金融发展的环保 NGO 进行培训，普及绿色金融相关知识，特别是基础的金融概念、信息披露要求等。而通过多次组织绿色金融沙龙，上海青悦也不断同相关中介机构如律师事务所、ESG 服务机构等进行交流，大家从不同的视角，共同探讨绿色金融发展。

自 2018 年 4 月开始，上海青悦联合各地 NGO 持续对发行公司债券的企业、IPO 企业的环境违规信息披露情况进行检查，其中发现超百家发债企业及数十家 IPO 企业，存在未披露或未完全披露环境违规信息的情况。经过上海青悦的沟通，不断有企业认识到自身的问题并选择积极应对，完善自身信息的披露情况。还有一些更加主动的企业，前往上海青悦或合作伙伴办公室，进一步交流企业环保情况。

2020 年，上海青悦检查 318 家主板 IPO 企业、328 家科创板 IPO 企业和 383 家创业板 IPO 企业，共发现 1 家主板 IPO 企业及 2 家创业板 IPO 企业存在未披露环保处罚信息的情况，另核实 3 家主板 IPO 企业处罚情况。

除了 IPO 企业检查，上海青悦还检查了 640 家公开发行公司债券的企

业，发现 199 家企业存在未披露环保处罚信息的情况。经过沟通及举报推动，共促使 7 家发债企业承诺或已完善自身处罚披露。另检查了 14 家公开发行绿色公司债券的企业，发现 4 家存在未披露环保处罚信息或未披露项目环境效益的情况。

自 2019 年起，上海青悦对沪深两市上市公司定期报告中披露的环境信息进行重点关注和披露检查，并对检查发现的存在披露问题的企业进行沟通及举报推动。

如在对 2018 年年报及 2019 年半年报的环境信息披露检查中，上海青悦联合绍兴朝露、成都绿氧、绿色秦巴、绿满江淮、绿萌环保、南昌青赣、武汉行澈环保、空气侠、福建乡水守护 9 家环保 NGO，对全国及 10 个重点地区上市公司的定期报告信息披露进行检查及推动。

上海青悦对沪市主板 1467 家、深市主板 462 家、中小板 933 家和创业板 762 家，合计 3624 家上市公司的报告进行了检查。其中，对 2018 年年报的检查发现 431 家上市公司存在未披露情况，共沟通 308 家存在披露问题的公司，230 家至今未反馈，64 家已反馈并表明后续会完善信披，11 家认为自身披露无问题无须改进，3 家经沟通核实未披露内容已在 2019 年半年报中披露。另向监管部门举报 49 家未披露情况较严重的企业，已有 5 家经监管部门推动后与上海青悦沟通并表明会完善信息披露。对 2019 年半年报的检查发现 431 家上市公司存在未披露情况，并已沟通其中的 195 家。

上海青悦与合作伙伴们对上市公司环境信息披露的检查推动工作，得到了《中国环境报》《中国化工报》《每日经济新闻》《上海证券报》等主流媒体的协同推进，有效扩大了影响力。

不断的工作积累，让上海青悦搭建并形成了自己的绿色金融环境信息披露数据库，收录了近几年发债及上市公司的环境信息披露状况，以及问题企业的推动披露状态。

在整个推动过程中，就发现的一些具体披露问题，如重点排污单位信息披露不全、处罚信息不披露等，上海青悦也在不断同企业和监管部门沟通探讨，建议明确披露的监管要求：上海青悦向证监会和生态环境部发出建议信，建议其完善强制性环境信息披露标准，特别是界定环境行政处罚的披露标准；在生态环境部环境规划院组织研讨上市公司及发债企业环境信息强制披露标准时，上海青悦受邀作为NGO代表参与研讨；在监管部门沟通方面，上海青悦与证监会法律部进行了面对面的沟通，就信息披露的制度建设进行了具体的讨论。

2021年5月7日，证监会正式发布征求意见：《公开发行证券的公司信息披露内容与格式准则第2号—年度报告的内容与格式（征求意见稿）》和《公开发行证券的公司信息披露内容与格式准则第3号—半年度报告的内容与格式（征求意见稿）》。

在这两个文件中，新增了环境和社会责任章节。为突出上市公司作为公众公司在环境保护、社会责任方面的工作情况，将报告与环境保护、社会责任相关内容统一整合至新增后的"第五节　环境和社会责任"。同时，要求公司披露报告期内因环境问题受到行政处罚的情况，不区分公司范围和处罚金额，要求做到全披露。对于非重点排污单位的子公司，也应当参照重点排污单位子公司要求披露相关污染排放及控制等环境信息，若不披露则应当充分说明原因。最后，鼓励公司自愿披露在报告期内为减少其碳排放所采取的措施及效果和巩固拓展脱贫攻坚成果、乡村振兴等工作情况。

监管要求的进一步细化，对上市公司环境信息披露的完善起到了直接的推动作用。接下来就是要进一步强化监管及积极引导发挥第三方的监督作用，特别是要加大对信息披露违规企业的处罚力度，增加信披违规的违法成本。

六、ESG 是新思路，未来挑战重重

环境合规信息的披露，只是解决了观察企业环境管理是否及格的问题，不能更加精细化地分辨企业在绿色可持续高质量发展方面的综合表现。

ESG 从环境、社会和公司治理三个维度更加全面地评价企业在可持续发展方面的实际表现。特别是，ESG 信息披露评价更侧重于企业对行业重要的实质性议题的回应以及实际绩效表现。这就给了一个明确的可参照的依据来判断同行业企业间的实际表现差异。

目前，国际上的 ESG 披露及评价方法已经相对较多，有 MSCI、富时罗素、汤森路透、道琼斯等 ESG 评级公司或机构。除企业自主公开的 ESG 信息以外，这些评级公司或机构还会通过网络等公开渠道收集企业的 ESG 信息，再结合各自针对性的关注点做出相应的评价。

而在国内，港股已经实行强制性披露要求，港股上市公司必须披露 ESG 报告；不披露的，则需要进行充分的解释。沪深两市虽然暂时还没有强制性的披露要求，但已积极采取措施，如研究 ESG 相关披露标准，并鼓励上市公司披露 ESG 信息。国内 A 股上市公司，除也在港股上市的公司披露情况较好以外，其余的上市公司大多未发布 ESG 报告。根据上海青悦 2020 年的统计，只有 1/4 的上市公司披露了 ESG 报告或社会责任报告；有一部分上市公司即使发布了 ESG 报告，但也存在缺少关键绩效数据的问题。

为了更加全面地评价上市公司的信息披露情况，上海青悦自 2019 年起已经连续两年对沪深港三个交易所的高市值上市公司及部分重点行业的上市公司进行了 ESG 信息披露评价。从 ESG 报告的披露质量和实际的绩效表现两个方面，评价上市公司在环境、社会和公司治理三个维度的实际表现，引发了媒体和企业的高度关注，部分企业向上海青悦反馈了改进进展或咨询了改进措施。

除了全范围的 ESG 信息披露评价，上海青悦也尝试在一些垂直行业领域推动信息披露工作。上海青悦联合芜湖生态中心、清气团，共同发布了国内首个垃圾焚烧发电行业 ESG 环境绩效分析平台。基于"生活垃圾焚烧发电厂自动监测数据公开平台"，创新性地利用环境监测大数据，从工厂、品牌、地区等维度，对我国垃圾焚烧发电企业的排放表现进行多方位的评价。该平台及其后续的分析报告等，已经成为垃圾焚烧发电行业的重要参考依据，多家垃圾焚烧发电企业在各类报告、会议中提及该平台的分析结果。

后续，随着更多行业自行监测数据公开平台的试点展开，上海青悦也将对这些行业的排放表现进行跟踪观察。

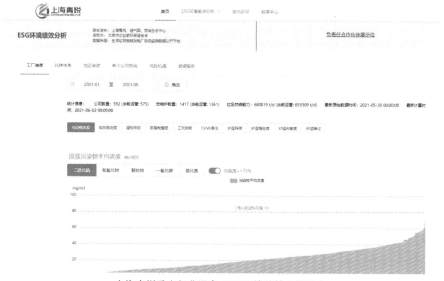

上海青悦垂直行业深度 ESG 环境绩效分析平台

七、结语

绿色金融目前正在快速发展阶段，上海青悦相信，国内 ESG 信息强制性披露是大势所趋。这能够很好地规范上市公司做出全面的信息披露，特别是推动上市公司管理水平的提升。

在绿色金融和 ESG 的发展过程中，每个角色都可以参与并贡献属于自己的力量。作为环保 NGO，上海青悦仍将继续发力，推动企业环境信息披露的完善，推动监管层面 ESG 信息披露指引的推出与完善，将利用自己数据技术的优势，助力整个社会经济走向绿色可持续高质量发展之路。

第四节　迈向零碳建筑时代

一、背景

建筑业是全球温室气体的主要来源之一。如果从能源消费端来分析，建筑运营产生了全球 28% 的温室气体排放，而主要建筑材料（如钢铁和水泥）生产以及建筑施工则产生了 11% 的温室气体排放。目前，建筑业的碳减排主要着眼点在于建筑运营阶段，很多国家都把建筑材料生产归类在工业领域中。

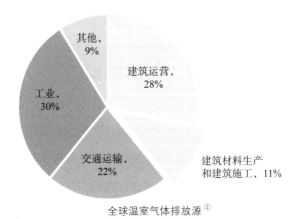

全球温室气体排放源①

---

① 数据源于 Global Alliance for Buildings and Construction: *2018 GLOBAL STATUS REPORT*，建筑 2030 绘制。

根据统计数据，现代人每天绝大部分时间都在室内活动（80%~90%），因此在建筑内往往需要使用照明、空调和各类电器等。地球上千千万万栋建筑在运营中消耗了大量的能源，目前全球能源主要来源于化石燃料，包括石油、天然气和煤炭等，可再生能源的比例仍然较低。要控制建筑运营阶段的温室气体排放，就要关注两个方向——减少建筑的能耗以及合理地生产和使用可再生能源。

近几十年的全球可持续发展运动也推动了绿色建筑的产生和发展。中国于2006年发布的《绿色建筑评价标准》（GB/T 50378—2006），近几年也进行了修编（将建筑分为基本级、一星级、两星级和三星级四个等级），标准中对绿色建筑的定义为：在全寿命期内，节约资源、保护环境、减少污染，为人们提供健康、适用、高效的使用空间，最大限度地实现人与自然和谐共生的高质量建筑。该标准对于绿色建筑应当实现的性能及需满足的要求进行了详细的规定，目前在全国有大量的建筑获得了星级评价。建筑从业人士可能对绿色建筑的概念比较熟悉，但对零碳建筑则比较陌生。零碳建筑这一概念是在气候变化的背景下诞生的，与绿色建筑相比，聚焦于建筑运营的能耗及碳排放，并提出更高的要求，希望通过提升建筑的能源使用效率，并合理地使用可再生能源，使建筑每年生产或采购的可再生能源等同于或超过其年度能源消耗总量，从而实现零碳排放。未来一栋建筑可能既达到绿色建筑三星等级，又实现零碳排放。当然，建筑实现零碳排放也是一个过程，在技术和预算的限制下，应当先努力从设计入手实现低能耗和低碳排放，例如采用被动式设计策略和高效机电设备，等到技术和条件成熟时，可以通过建筑改造或使用可再生能源来实现运营的零碳排放。近十年，全球多个国家已经有了不少零碳建筑的实践，不少发达经济体如欧盟、美国、日本等都制定了零碳建筑或零能耗建筑的发展规划和政策。

二、建筑 2030 简介

建筑 2030 是一家国际性公益组织，目标是到 2030 年大幅降低建筑环境的能耗和二氧化碳排放，到 2040 年彻底消除建筑运营使用的化石燃料产生的二氧化碳排放，并推进可持续、有韧性、公平和零碳的社区与城市发展。建筑 2030 在全球多国发起项目，通过介入建筑项目的规划和设计，推进建筑业的教育、政策和协作，增强建筑和工业部门实现上述目标的能力。

2015 年 12 月通过的《巴黎协定》设定了全球控制气候变化的目标——将全球平均气温较前工业化时期上升幅度控制在 2℃以内，并努力将温度上升幅度限制在 1.5℃以内。在这一目标下，建筑业作为全球碳排放的主要行业之一，也必须积极进行节能减排。过去的很多研究将建筑业的碳排放归类在电力部门和工业部门的碳排放中，因此建筑业的碳排放常常被忽视；而建筑业的专业人士在工作中往往只能接触到少量建筑的数据，因此人们难以想象所有建筑会消耗如此多的能源，产生如此多的温室气体。为了推动建筑业的减排，建筑业专业人士急需认识建筑运营的碳排放对气候变化的影响，并立即采取行动。

建筑 2030 的中国项目借鉴了欧美项目的成功经验，认为现阶段应该聚焦建筑运营的碳排放，而设计阶段是建筑施工运营的前提，低碳节能的设计能够为长期的低碳运营打下坚实的基础。为了实现低碳或零碳的建筑设计，首先需要在中国建筑行业内发起宣传和教育，唤起整个行业对碳排放的认识；然后促进行业领先的建筑规划公司树立减排目标，逐步开始行动；最后为广大的建筑业专业人士提供教育和培训，让他们获得相应的知识和技能，推动他们在设计项目中运用先进的策略和技术。通过这一系列的行动，可以从设计的角度推动高性能建筑的发展，而这些建筑在运营阶段就能节约能源和减少温室气体的排放。聚少成多，当大量的建筑甚至所有的建筑都实现运营阶段的零碳排放时，建筑业的碳排放将会大幅下降。

三、建筑 2030 的中国项目

（一）发起建筑设计界的《低碳倡议》

建筑 2030 在中国的第一个项目是发起在建筑设计行业的倡议，促进建筑设计公司共同探讨建筑业低碳排放及气候变化应对策略，并采取积极的行动减少碳排放。2015 年，建筑 2030 与中国勘察设计协会建筑设计分会、多家大型设计院以及数家外资设计公司沟通，获得了广泛的支持。经过前期的筹备工作，2015 年 10 月 22 日，建筑 2030、中国勘察设计协会建筑设计分会以及 52 家国内外建筑设计公司共同在沈阳举办了一场大型会议。在会议上，建筑 2030 和设计公司代表介绍了建筑业的碳排放现状以及行业应采取的行动，会议的高潮是《全球低碳城市和建筑发展（中国）倡议》（以下简称《低碳倡议》）的签署——国内外的设计公司承诺将规划和设计的城市、城镇、开发区和建筑达到低碳/零碳标准。签署倡议的国际设计公司包括 DLR Group、SOM、ARUP、Gensler、CallisonRTKL、HKS Architects、Perkins & Will、HDR 和 Glumac；签署倡议的国内设计院来自全国各地，包括上海现代建筑设计（集团）有限公司、中国建筑设计研究院有限公司、北京市建筑设计研究院有限公司、深圳市建筑科学研究院股份有限公司等。

参加倡议的设计公司有些已经制定了应对气候变化的行动，另一些则刚刚接触到建筑业碳减排和应对气候变化的议题。这次会议及倡议的签署促进了设计公司的领导层进一步认识气候变化问题，关注全球和国家应对气候变化的行动，制订减排计划并逐步采取行动。

（二）组织 COP21 前夕的"建筑日"

在 2015 年 12 月第二十一届联合国气候变化大会（COP21，巴黎气候峰会）前夕，许多行业和机构都举办了主题活动，以支持全球签署应对气候变化的新协定。建筑 2030 与其他的建筑业企业和机构组织了"建筑日"的相关活动，并邀请了中国企业代表参会。在活动的当日，建筑 2030 的创始人和首席执行官爱德华·玛斯瑞拉先生发表了开幕演讲"零碳之路"，展示了如何结合减少建筑业对化石燃料的需求与增加全球可再生能源的供应，以满足《巴黎协定》温控 1.5℃的长期目标。此外，玛斯瑞拉先生第一次向 COP21 和参会的国际观众展示了《低碳倡议》，并阐释了中国的建筑师、规划师和建筑设计团体将如何发挥重要作用以使协定的目标成为现实。《低碳倡议》展现了中国建筑设计界应对气候变化的领导力，获得了业界的广泛赞扬。

《低碳倡议》以及全球其他类似的倡议和行动标志着全球建筑业巨大的范式转变，其重要性不亚于 20 世纪 20—30 年代的现代建筑运动。为了避免气候变化的灾难性后果，到 2040 年全球应当在建筑业逐步淘汰化石燃料供能、"中和"温室气体排放，这一转变将影响全球建筑业未来 20 年的发展。

（三）举办"走向净零碳建筑环境"论坛和工作坊

中国政府在签署了《巴黎协定》后，提出了自主减排承诺。在这一背景下，建筑 2030 以及签署单位希望能继续推进设计企业应对气候变化的进程。基于 2015 年 10 月国际性会议的成功经验，建筑 2030 与合作伙伴讨论后决定在 2016 年再次举办论坛，鼓励设计企业分享和交流知识与实践，以及国内外行业的前沿动态，希望进一步推广零碳建筑的理念。

2016 年 10 月，中国勘察设计协会建筑设计分会和建筑 2030 在武汉共同举办了一次为期两天的活动，形式分为论坛和工作坊。

第一天的论坛邀请了中国城市科学研究会绿色建筑与节能专业委员会主任委员王有为先生、美国建筑师协会候任主席卡尔·埃莱凡特先生、北京大学城市规划与设计中心的叶祖达博士，还有多位来自国内外设计公司的专家介绍各自的项目实践。这次论坛围绕绿色建筑、零碳建筑以及建筑节能等议题展开，王有为先生介绍了国内绿色建筑的发展以及对零碳建筑的思考，卡尔·埃莱凡特先生介绍了美国建筑师协会应对气候变化的行动，叶祖达博士介绍了首钢"正气候"项目，天津市建筑设计院介绍了"中新生态城公屋展示中心"这一零碳建筑项目，新疆建筑设计研究院介绍了实现德国被动房标准的"幸福堡"项目。这些项目和实践展现了国内外绿色建筑、零碳建筑以及建筑节能的发展，并显示了一些先锋设计企业在建筑节能以及应对气候变化方面的领导力，获得了很好的反响。

第二天的工作坊邀请了《低碳倡议》签署单位的二十多位代表共同讨论如何在中国推进零碳建筑。在工作坊上，国内外专家畅所欲言，讨论中国绿色建筑的发展现状、美国建筑设计领域迈向零碳的进展、国内外的绿色建筑认证，以及零碳建筑的实施路径。短短的一天并不能深入讨论每一个问题，但在工作坊研讨中专家一致认为应继续举办论坛提升行业的认识并加强国内外知识交流。

（四）在上海举办"建筑设计新挑战——净零碳设计"研讨会

2017年，建筑2030与国内的合作伙伴经过多次讨论，决定将美国建筑师协会的零碳建筑设计课程介绍到中国，并邀请美国的设计专家来华授课。

经过半年多的筹备，"建筑设计新挑战——净零碳设计"研讨会于2017年9月在上海同济大学建筑设计研究院举办。研讨会为期两天半，前两天由八位美国专家授课，这些专家来自SOM、CallisonRTKL、华盛顿大学、Perkins & Will、NBBJ等知名设计公司及高校，授课内容包括低碳城市规划、建筑能耗目标设定、设计前期分析、建筑围护结构设计、被动式供冷和供暖设计、采光和照明设计，以及可再生能源使用等模块；最后半天为软件工作坊，介绍 Autodesk 的 Insight 软件在建筑节能设计中的应用。

国内外很多建筑设计项目都或多或少地采用了绿色低碳的设计策略，但是并没有把设计的目标设定为低碳或零碳。因此如何科学地设定目标，并透过设计的各个环节来实现低碳或零碳建筑是设计项目的难点。在零碳建筑的议题下，欧美的建筑设计界有着更为丰富的经验。这次研讨会系统介绍了美国零碳建筑设计的方法和流程，展现了零碳建筑在现有的技术条件下是可实现的。同时，研讨会结合了科学研究和项目实践，促进了中美建筑界的交流，获得了参会者的好评。

（五）举办专业论坛及教育宣传

2018—2019 年，建筑 2030 继续与中国勘察设计协会建筑设计分会合作，由广州市设计院和中国建筑西北设计研究院分别承办了大型会议，探讨绿色建筑和零碳建筑的在国内外的发展。在这两次大会上出现了更多的设计企业展示低碳和零碳建筑项目，一些专家也分享了前沿领域（如木结构多层建筑、中国超低能耗建筑及近零能耗建筑）进展。企业和专家的分享，展现了中国建筑业迈向零碳的进展，促进了行业间的交流，并把零碳建筑的设计理念传达给更多的人。

除举办会议之外，建筑 2030 也积极在行业内宣传和推广零碳建筑，包括：建立"建筑 2030"微信公众号，向国内外的建筑业从业者分享行业的动态和最新的项目实践；为低碳建筑规划设计策略的网站"2030 调色板"提供中文翻译，便于国内的设计师学习这些设计策略。宣传和推广活动促进了更为广泛的从业者认识建筑业的节能减排。

（六）举办"正碳——重新设定 1.5℃目标"全球线上研讨会

2020 年新冠肺炎疫情席卷全球，对传统的线下办会模式提出了挑战，为此建筑2030决定筹备"正碳——重新设定1.5℃目标"全球线上研讨会。自2016年全球多国签署《巴黎协定》后,全球建筑行业从业者不断积极探索行业的减排路径,除了建筑设计领域,城市规划、建筑结构、建筑材料和景观设计等细分领域也进行了大量的探索,并获得了不少成绩。建筑2030希望通过举办这一全球线上研讨会,分享全球建筑业迈向零碳的进展,激励全球建筑业专业人士为应对气候变化采取行动。

"正碳——重新设定1.5℃目标"全球线上研讨会共举办三场,分别在美洲区、中东欧洲区以及亚太区。在亚太区的国际线上论坛中,来自美国、中国、欧洲以及澳大利亚的建筑设计、城市规划、建筑结构、机电设计、景观设计以及房地产领域的三十多位专家,分享了各自领域迈向低碳和零碳的最新成果,例如中国建筑科学研究院的张时聪博士介绍了中国的《近零能耗建筑技术标准》,来自土人景观的俞孔坚教授介绍了基于自然的规划设计,来自阿拉善SEE的卢之遥博士分享了中国房地产业的绿色供应链项目。这一线上会议是近年来少有的全面解读全球建筑业应对气候变化行动的多专业全球会议,其广度和深度获得了广泛的好评。会议分享了全球建筑业的最新发展,展现了不同国家的建筑业应对气候变化的行动,促进从业者互相学习和借鉴,同时也增强了全球建筑业从业者应对气候变化的决心。

四、碳达峰、碳中和背景下的中国建筑业

2020年9月22日,中国政府宣布了力争于2030年前实现碳达峰、2060年前实现碳中和,这对中国建筑业产生了深远的影响,加速了建筑业迈向零碳。更多的建筑业专业人士开始讨论建筑的节能减排,从技术到政策、从理论到具体的项目实践,以及最终如何实现碳达峰和碳中和,其中的很多专业观点与建筑2030一直以来的倡导是一致的,很多企业和机构

也开始引用建筑 2030 的研究成果和观点。

在短短的几年中，建筑 2030 对建筑业实现零碳的目标以及零碳建筑进行了大量的推广。虽然由于技术、资金和政策等方面的限制，能够完全实现运营阶段零碳排放的建筑还是很少数，零碳往往停留在示范阶段，但是在这个阶段中，中国建筑业对建筑的碳排放越来越重视，也在逐步推进超低能耗建筑、净零能耗建筑以及低碳建筑的发展。在碳达峰、碳中和的背景下，中国建筑业也将逐步迈向碳中和，建筑将变得更加节能，建筑对可再生能源的利用也将变得多样化。

未来，建筑 2030 将继续举办各类活动推动行业进步，努力促进更多的低碳或零碳建筑建成，并推动行业间、国际间的交流，从而共同推动全球建筑业迈向零碳。

第五节　房地产行业绿链之道

一、背景

人类活动排放的温室气体导致全球气候变化，对环境、社会、经济以及人类健康带来了诸多不利影响。联合国 2030 年可持续发展目标中的"可持续城市和社区""负责任的消费和生产""气候行动"均提出了由国家、行业和企业等各界共同应对的倡议，而建筑行业在这其中有关键的作用。全球建筑行业的碳排放量在 2000—2018 年持续增长，2018 年建筑行业能耗占到世界能耗的 36%，排放了全球能源相关的碳排放总量的 28%[1]。在

---

[1] UN Environment and the International Energy Agency, *2019 Global Status Report for Buildings and Construction*.

已提交国家自主贡献文件的 184 个国家中，有 136 个国家都提到了建筑行业。作为碳排放总量最高的国家之一，2010—2016 年，中国建筑行业的碳排放量占全国总量的 19.4%，并且在近年来出现持续增长[①]。在建筑和房地产行业的供应链中，钢铁、水泥和铝型材等行业属于能源、资源消耗密集型行业，碳排放量高[②]。2015 年，中国钢铁、建材行业能源活动二氧化碳直接排放量分别约为 17.3 亿吨、7.0 亿吨[③]，同时供应链中的各建筑原材料的生产也产生了大量污染物，包括二氧化硫、氮氧化物、粉尘等大气污染物，以及废水和固体废弃物等。可见，中国房地产行业及其上游供应链行业的绿色低碳发展，对中国乃至全球的环境和气候都至关重要。

近些年，尤其是新冠肺炎疫情暴发之后，消费者对健康的重视程度更加提升，这也进一步引发了房地产企业客户需求的转变，为房地产行业带来了转型和发展机遇。近期，一份房地产企业（当代置业）对客户购房需求的初步调研报告显示，未来企业经营战略层面变化将主要表现在三个方面[④]：一是在绿色科技打造上，要注入房地产建筑的设计全流程，"硬科技"将全面成为推动人居环境改善的重要工具；二是舒适健康的生活和居住空间的改造升级；三是节能环保持续提升至建造运营全过程。而虽然中国当前在全球市场的影响力不断增强，但是未来的经济地位取决于中国能否满足未来市场对绿色生产和消费的需求。随着各国人均收入的增加和中产阶级的崛起，消费者对产品、社会和环境可持续性的关注度也不断上升，中国消费者对可持续产品的溢价接受程度不断提高。2017 年的一项调

---

① 中国建筑节能协会能耗统计专委会：《2018 中国建筑能耗研究报告》，《建筑》2019 年第 2 期 26~31 页。
② 张忠伦、王明铭、贺静等：《我国建筑工程用主要材料产业资源消耗和环境负荷现状分析》，《生态城市与绿色建筑》2018 年第 1 期 32~35 页。
③ 柴麒敏、郑晓奇、赵旭晨等：《"十三五"主要部门和重点行业二氧化碳排放控制目标建议》，《气候战略研究简报》2016 年第 19 期。
④ 张鹏：《疫情对房地产影响有限 将迎行业升级机遇》，人民网，2020 年 2 月 28 日。

查发现，超过46%的中国消费者愿意为可持续生产的商品支付不超过5%的溢价，约25%的消费者愿意支付5%～10%的溢价[①]。随着消费者需求的不断增长，加之疫情的催化，房地产行业的绿色发展成为必然趋势。

二、寻找着力点

在中国，房地产行业是社会经济的一个重要组成部分，供应链覆盖广泛，紧密连接建筑原材料、家装、电器、运输和金融等行业。中国政府大力提倡房地产绿色发展，将其视为当代发展的必要形式。建筑原材料的绿色采购是房地产行业绿色发展的关键之一，对上游建材供应链的绿色管理是其中的重要一环。中国出台了多项政策和法规鼓励企业开展绿色供应链实践，在"十三五"期间，打造绿色供应链被提升到新的战略高度，相关政策的推进进一步加快，如提出了加快构建绿色供应链产业体系，强调通过绿色供应链带动产业链上下游采取节能环保措施，要求大力倡导绿色制造，推行产品全生命周期绿色管理，鼓励采购绿色产品和服务，等等。目前，中国房地产行业的绿色供应链管理仍在发展阶段，暂未形成统一的行业标准，因此，集合多方力量和资源共同推进房地产行业的绿色供应链实践，具有积极意义。

三、行动

中国房地产行业绿色供应链行动（以下简称"绿链行动"）是由环保组织、行业协会、房地产企业、政府部门、专业技术支持机构等多方合作，通过房地产企业的绿色采购，来推动上游的建材供应商进行环境整改的联合行动。绿链行动于2016年6月5日由5家机构发起，包括环保公

---

① 中国连锁经营协会：《中国可持续消费研究报告2017》，第12页。

益组织阿拉善SEE，房地产行业协会中城联盟、全联房地产商会，房地产行业的领头企业万科、朗诗。随后，又有政府部门生态环境部对外合作与交流中心，专业技术支持机构公众环境研究中心（IPE），相关行业协会中国房地产业协会、中国建筑节能协会，以及建材供应商北新建材加入，共10家机构组成绿链行动的委员会和工作组来共同推进工作。

绿链行动主要聚焦绿色采购环节，其模式具有创新性：由专业机构和专家合作制定不同建材类别的绿色采购标准，技术支持方依据标准筛选出环境表现优秀的供应商名录，由绿链行动的委员会和工作组审核后对外发布"白名单"，同时推动房地产企业优先采购"白名单"上的更绿色的供应商产品。即运用市场机制，通过房地产企业给予的订单和优先采购权，带动供应商进行环境表现的提升。

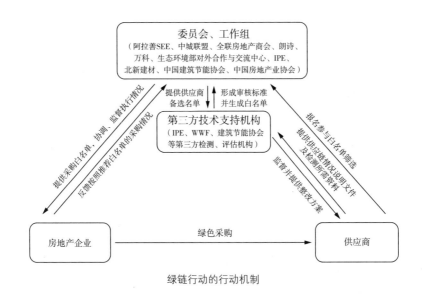

绿链行动的行动机制

目前，产生的绿色采购品类要求已有13个，包括一个基础门槛要求——供应链企业环境合规，以及12个建材品类要求——铝合金无铬钝化、木材来源合法化、保温材料HBCD控制、水性涂料APEO控制、石材清洁生产、门窗节能、LED光源健康与环保控制、轻钢龙骨无铬钝化、岩棉品质与环保控制、空气源热泵品质与环保控制、人造板及其制品甲醛控制、石木塑（石晶SPC）墙地材。其中，人造板及其制品甲醛控制与石木塑（石晶SPC）墙地材，为室内装饰材料甲醛及有害物控制品类要求的子品类要求。每个采购方案的制定，均参考国际、国家和行业标准，均与专业的第三方技术支持机构合作，且每个方案都对应推动解决不同的环境问题。

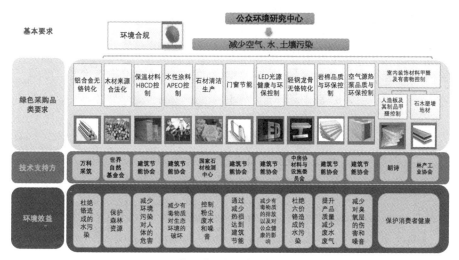

绿链行动绿色采购品类要求

为适应供应链企业环境合规这一门槛性的基本要求，所有供应商的第一步都是要实现污染排放的合规。该要求主要聚焦上游供应商中的钢铁和水泥等高污染行业。钢铁行业排放物中夹杂的灰尘颗粒导致大气污染，排放携带的含油污和有机物的废水造成水体污染，以及处置不当的金属废渣导致土壤污染①。水泥行业会产生工业颗粒物、氮氧化物和二氧化硫等污染

---

① 赵君、郭尚文：《钢铁工业中的环境污染问题》，《环境与发展》2019年第2期43~45页。

物①。该要求的技术支持机构是公众环境研究中心（IPE），负责审核和筛选供应商进入环境合规化的"白名单"。IPE是一家高公信力的公益环境研究机构，其收集、整理和分析政府及企业公开的环境信息，搭建环境信息数据库，开发蔚蓝地图网站和蔚蓝地图App两个应用平台（以下统称"蔚蓝地图"），全面收录338个地级市政府发布的环境质量、环境排放和污染源监管记录，以及企业基于相关法规和企业社会责任要求所做的强制或自愿披露。

绿链行动的环境合规化审核所使用的蔚蓝地图，一方面通过污染排放大数据对供应商进行检索，另一方面主动加入更多的供应商使数据库更加完善。蔚蓝地图实现了数据的实时更新，增加了项目的时效性。同时，供应商审核过程也可以在网站上同步完成，使项目的效率得到提升，简化了繁杂的纸质资料提交和审核流程。所有报名参加绿链行动的供应商，都将由IPE的蔚蓝地图数据库进行环境信息检索，如果在近三年内的生产过程中没有违规排放等不良环境记录，即可以直接进入"白名单"；如果近三年内存在违规记录，则需要对环境违规做出整改说明，视环境风险不同，提交不同阶段的达标排放证明文件，经过披露和审核之后，方有资格进入"白名单"。达到了基本环境要求的门槛之后，部分供应商可以继续进入其余绿色采购方案中申请审核，同样，其余的绿色采购方案也是由专业技术支持机构制定标准并筛选"白名单"供应商的。

四、初步成效与发展近况

目前，绿链行动已有100家房地产企业加入。参与绿链行动的房地产企业均由董事长及相关领导签署沟通函，承诺至少参与一个绿色采购方案

---

① 王彦超、蒋春来、贺晋瑜等：《京津冀及周边地区水泥工业大气污染控制分析》，《中国环境科学》2018年第10期3683~3688页。

的执行,将绿色采购的标准纳入建材的招标采购合同中。

截至 2021 年 6 月,绿链行动共推出 13 个品类的绿色采购方案和白名单,白名单企业共有 3874 家。绿链行动通过联合采购的方式,大规模且有效地推行依据"白名单"的采购。2019 年,绿链行动与发起方之一的中城联盟组织联合采购合作,38 家房企参与,推动了 160 家供应商进入供应链企业环境合规"白名单",实现了约 51 亿元的绿色采购额。2020 年,联合采购触及供应商 183 家,同时推动了多家供应商进行整改并公开说明达到环境合规,实现了超百亿元的绿色采购额。2021 年,绿链行动与中城联盟的联合采购合作仍在继续,在招标采购会上,对现场来自 47 家房地产企业的 138 位采购经理人进行绿链行动培训。

2019 年 7 月,绿链行动在"白名单"要求的环境合规化的基础上,推出了"绿名单"机制,推动房地产企业及其供应商采取应对气候变化的切实行动。"绿名单"的评价指标主要参考了现有的国家标准与地方标准。通则规定了在"白名单"环境合规化的基础上,以资源、能源、环境和其他等同认证等评价指标来筛选企业。例如,在资源方面,达到国标节水型企业的要求;在能源方面,建立能源管理体系认证;在环境方面,进行温室气体排放披露等。导则则确定了不同行业的具体评价内容,详细分为钢铁、水泥、玻璃、铝合金、涂料和烧结墙体 6 类行业。2021 年 6 月 5 日,绿链行动发布了首批"绿名单",截至目前共 22 家企业入选。未来,还将根据"白名单"的采购经验,推行"绿名单"采购落地。

绿链行动首批"绿名单"发布

序号	企业名称	序号	企业名称
1	施耐德电气(中国)有限公司	4	广东澳美铝业有限公司
2	广东新典雅实业有限公司	5	西北永新涂料有限公司
3	迈伯仕化学建材(中国)有限公司	6	江苏凯伦建材股份有限公司

续表

序号	企业名称	序号	企业名称
7	远大洪雨（唐山）防水材料有限公司	15	广东巴德士化工有限公司
8	雨中情防水技术集团有限责任公司	16	亚士漆（上海）有限公司
9	上海三银涂料科技股份有限公司	17	高仪（上海）卫生洁具有限公司
10	铃鹿复合建材（上海）有限公司	18	唐山市德龙钢铁有限公司
11	上海快刻石膏技术有限公司	19	德龙钢铁有限公司
12	吉林森工金桥地板集团有限公司	20	湖北大洋塑胶有限公司
13	富思特新材料科技发展股份有限公司	21	特灵空调系统（中国）有限公司
14	科希曼电器有限公司	22	蒙娜丽莎集团股份有限公司

2020年10月27日，绿链行动在"白名单"的基础上，正式发布"黑名单"机制。将屡次违规、沟通后拒绝整改的供应商企业纳入"黑名单"，绿链行动房地产企业将拒绝采购。此机制通过初步调查企业环境表现，形成备选名单；绿链行动推进委员会复核备选名单，形成拟认定名单；绿链行动工作组以书面形式通知拟认定名单中的企业，并在官网公示两个月，向社会公众征集意见；公示期满后，工作组将进行复评，最终在官网发布确认名单。"黑名单"的详细评价机制文件已经在绿链行动官网更新，具体名单将择期发布。

五、总结与展望

绿链行动能够顺利推进和执行，得益于其具备的几个特点。

第一，运用的是"市场+公益"两种方式并行的推进模式，而非强制处罚措施。房地产企业对环境表现优秀的供应商优先采购，用实际的订单激励供应商企业进行整改，调动了供应商自主参与的积极性。同时，由环保公益组织作为绿链行动的秘书处，并有在地NGO网络不定期的核查监督，保证了行动的公益性和透明性，获得了各方对行动的信任和支持。

第二，不同于由单个企业自行开展的绿色供应链管理，绿链行动是由一个行业自愿发起和参与的。它得到中国房地产行业中100家房地产企业（占到行业规模的20%）的响应，100位董事长亲笔签署加入并承诺指派采购经理人执行绿色采购。其中，还有不少行业领头房企做出表率和带动作用。

第三，绿链行动的专业度高且实用性强。从合作的机构和专家选择、标准的制定到行动的执行，都十分注重专业度。例如，建材品类的绿色标准制定，不仅顺应国家政策趋势，还参考国内外的先进标准。同时，绿链行动在建材品类上不仅选择了污染问题较为严重的，还选择了这些品类可能产生的最典型的环境问题作为评价对象，而这些问题也都是国家和行业较为关心的。此外，绿链行动在这些品类相关标准的制定上也顺应了行业发展趋势，在确定各采购品类的同时，不仅考虑到标准的专业性，也注重标准的实用性。绿链行动标准对供应商企业提出更高的要求，但标准设置得又比较合理，符合行业的实际情况，使企业在基本不增加成本的情况下就可以达到，由易到难，逐步推动企业做出环境整改。在操作层面，运用蔚蓝地图，为供应商提供便利且可以实时查询的操作平台；房地产企业可以线上查询各品类"白名单"企业，对已有的供应商进行初步筛选。

第四，绿链行动实现了合作共赢。从房地产企业的角度，通过打造绿色的差异化产品，树立绿色品牌形象，形成竞争优势；通过使用"白名单"，可以有效避免供应商因环境问题被关停而带来的风险。从供应商的角度，进入"白名单"，可以获得众多头部企业的优先采购，获得竞争优势和经济效益，也顺应了绿色发展的趋势。社会和公众通过绿链行动的传播和倡导，提升了对环境保护的认知，并参与监督和推动。

绿链行动作为一个多方参与的行业联合行动，在发展和推广的五年中总结出了一些可以复制和推广的经验，可以为其他相关行业联合行动提供借鉴和参考。

首先，要在某个行业中开展联合行动，需要找准整体行业中最具有撬动作用的一方。例如，在房地产行业绿链行动中，开发商就是最能撬动整个房地产行业的一方。将最具撬动作用的一方作为整个行动的主体，可以保证项目成果的最大化。

其次，在行业联合行动中，非常关键的一点就是行业领头企业的带动作用。行业领头企业运用其号召力和影响力，可以对其他中小型企业起到引领作用，同时，由于领头企业拥有较为丰富的资源，往往可以更加高效快速地做出改变，从而形成典型案例，为其他企业提供经验。

最后，要以行业中的某个环节作为切入点。例如，在房地产行业中，采购环节连接着污染较为集中的生产环节，而通过房地产企业的采购权对供应商形成了制约，使供应商更有动力参与。在拓展到其他行业的过程中，可以全面分析该行业中的各环节，从而寻找到有效的切入点。

房地产行业的污染减排和碳减排是应对全球气候变化和助力"双碳"目标的关键环节，同时也是推行联合国 2030 年可持续发展目标的重要实践。绿链行动引导房地产企业自愿性采购绿色商品，通过发挥市场机制的作用，推动上游建材供应商减少碳排放和环境污染。环保公益组织、研究机构、政府部门、行业协会、龙头企业的共同合力推进，确保了绿链行动的科学性、影响力、公信力，这种"科学—商业—政策—实践"的联动模式可以推广到更多行业的供应链管理实践中。绿链行动是世界上少有的大规模的基于市场机制自愿开展的行业减排联合行动，未来，随着消费需求的转变、建筑行业的不断革新，以及相关政策的逐渐落地，房地产行业的绿色发展将为全球的可持续发展做出更多贡献。

第六节　纺织行业供应链碳减排实践

一、引言

在过去的二十多年间，中国逐渐成为全球的制造中心，商品在这里集约化生产，促进了经济繁荣，也同时带来了严重的污染及碳排放问题，纺织行业是其中最典型的代表。最近十年，中国一直是世界纺织品的主要产地，全球一半以上的纺织品产自中国，但同时纺织品生产也造成了严重的资源负担和环境影响。探索纺织行业的节能减排、可持续发展模式，对中国在参与全球生产的同时，减少资源和环境影响，具有非常典型的现实意义。

本案例创新性地提出了一种绿色供应链模式，通过供应链的上下游关系，借助终端市场的购买力来撬动整个行业的节能减排，从而高效、迅速地实现可持续发展，降低温室气体排放。

二、背景

（一）中国对世界纺织工业的贡献

纺织行业，可以追溯到上古（传说）时期嫘祖养蚕缫丝的故事，有史料记载的西周就出现了原始的纺织机，汉朝时发明了提花机，明朝宋应星编撰的《天工开物》将纺织技术编入其中。此后的丝绸之路为世界带来了绚丽多彩的服饰，促进了全球经济的发展，也让中国成为全世界的纺织品中心。

现代工业发展起来之后，虽然我国现代纺织工业起步较晚，但是很快进入了一个高速发展的时期。在 1953 年开始的计划经济中，纺织行业就是其中重要的经济建设内容；之后纺织行业持续快速发展，到我国加入 WTO，我国迅速成为全球纺织工业的主要出口国。就进出口体量来说，2020 年，我国纺织纤维加工总量达 5800 万吨，占世界的比重保持在 50% 以上；化纤产量占世界的比重超过 70%；纺织品服装出口额达 2990 亿美元，稳居世界第一位[①]。

（二）中国纺织工业面临的环境困境

中国纺织工业为全世界提供面料和服装的同时，也造成了我国资源和环境的一系列问题。根据公开的统计资料和报告，在所有行业的资源和环境影响中，纺织行业的水资源消耗排名第二，能源消耗和碳排放总量排名第六。从全球来看，纺织行业也是重点的碳排放行业之一，制造了全球温室气体排放的 3% ~ 10%[②]。

虽然纺织行业对环境的影响巨大，节能减排迫在眉睫，纺织企业在过往的国家政策和监管行动中，却一直不是主要治理对象。其中一个重要的原因是，纺织企业数量众多，单个纺织企业规模较小，根据 2020 年的统计数据[③]，我国纺织企业数量达到 130 万家左右，其中规模以上企业仅 1.8 万家，即不到总体的 2%。

从全行业生产活动来看，纺织行业的生产特点是以 OEM（Original Equipment Manufacturer，代工生产）生产方式为主，企业规模一般属于中小型。纺织品消费市场的主要参与者，即各个服装品牌，虽然规模较大，

---

① 中国纺织工业联合会会长孙瑞哲：《中国纺联第四届第九次常务理事扩大会议工作报告暨关于〈纺织行业"十四五"发展纲要〉的说明》，2021 年 6 月 11 日。
② 根据数据来源和计算公式，EMF、Mckinsey 等世界著名机构对此比例估算不同，主要在这个范围。
③ 国家统计局数据，智研咨询整理，《2021—2027 年中国纺织行业市场运营态势及投资前景趋势报告》，R901288。

但其本身并不拥有生产工厂的股权，以销售为主要活动。这些品牌企业本身不产生大量的温室气体排放。

相关报告数据显示，品牌企业本身的活动引起的温室气体排放仅占纺织行业全行业温室气体排放的 6% 左右；70% 以上的温室气体排放由产品生产过程产生，即产品供应链上各个工厂的活动产生。如下图所示为服装及鞋类供应链 2018 年温室气体排放情况。

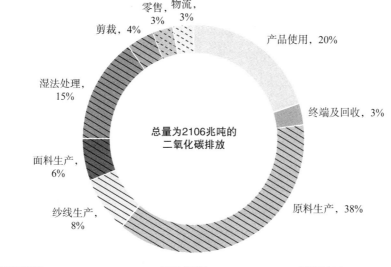

服装及鞋类供应链 2018 年温室气体排放情况[①]

在此背景下，探索通过市场机制，从终端市场的绿色采购入手，推动价值链企业的节能减排具有非常重要的意义。终端品牌企业需要延伸其社会责任，推动产品生产供应链上的企业实现节能减排，从而实现产品生产过程中真正的节能减排。

---

① Achim Berg and Karl-Hendrik Magnus, *Fashion on Climate*, 2020 copyright McKinsey & Company and Global Fashion Agenda.

三、行动

从 2005 年开始,一些市场参与者开始探讨借助供应链推动纺织行业节能减排的具体方案,其中以 CbD(Clean by Design,清洁始于设计)项目影响力最大,实施时间最长,地域覆盖最广,参与品牌和企业众多。

CbD 项目是世界著名非政府组织 NRDC(自然资源保护协会)于 2009 年在中国发起的一项国际性的绿色供应链项目,项目设计从市场和技术解决方案两个方面推动供应链的节能减排。CbD 项目认为,要实现纺织行业全行业的温室气体减排,减少环境污染,品牌企业具备不可推卸的主体责任;必须大幅提高品牌企业的环境意识,推动其在供应链上实施绿色采购。

CbD 项目通过大量的行业调研和对话,选择了在中国具有大量供应链工厂的全球最领先的 100 家服装和零售业品牌,寻找其中最具领导力和时尚意识的品牌分期开展统一行动,在其供应链工厂开展试点、探索模式。

CbD 项目主要合作品牌

很多品牌借此大幅优化了供应链结构，得以把环境绩效真正纳入其供应链采购管理中，从而推动了行业性的碳减排。如某国际品牌通过与 CbD 项目合作，重新考察了其 500 家供应商的能源和环境绩效，最终确定将 120 家供应商作为核心供应商加强合作，扩大订单量，其中一项重要的评估标准就是能源与用水效率及温室气体排放效率。

在实践过程中，CbD 项目发现纺织行业大多数企业属于中小型企业，企业结构精简，通常不会在能源效率、水资源管理等方面配置专门的岗位，而是由能源供应科或者设备科的员工兼任能效管理职位。而任职这些职位的人员往往以保障供应为主要责任，并不了解能效管理，这使得企业的能源效率、用水效率往往缺乏系统性的分析和优化，存在大量的问题。

CbD 项目认为，要使品牌企业推动供应链工厂碳减排的政策能最终转换为工厂的节能减排改造行动，必须向这些供应链工厂提供技术指导，帮助工厂发现节能减排的技术改造机会。而为了使工厂能快速开展行动，CbD 项目决定以"低挂果实"为核心技术思想，即主要向工厂推荐投资小、见效快的技术方案，使得工厂在提高生产效率和资源利用效率的同时，也能节省资金与各项成本，迈出节能减排的第一步。

为实现上述目标，CbD 项目在全球范围内组织专家研究，选择了典型工厂进行实地考察，发现在所有可以迅速提高效率、节约成本、节能减排的改善项目中，80% 以上的项目集中在 20% 的技术类型中。为此，CbD 项目总结了 10 项最佳实践技术（10 Best Practices，10BPs）方案，以此为基本技术依据在全球范围内推广。

10BPs 由一组高效易行的、能够改善企业环境绩效、最大限度减少碳排放的措施组成。这些措施简单易行、投资小、回报快，有助于工厂成本的节省，并已在全球 500 多家纺织企业得到广泛的应用和成功。

在技术上，CbD 设计了六大模块来推动工厂快速实施节能减排技术。

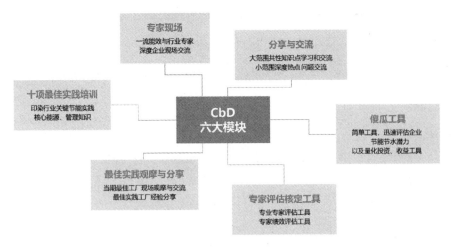

CbD 项目六大模块

简而言之，即：

» **培训**：对 10BPs 的核心知识进行介绍和讲解，并组织线下与线上的培训课程。

» **交流**：组织专题研讨会与沙龙，参与企业可以根据自身情况通过各种途径获取核心知识、案例和工具。

» **"傻瓜"工具**：包括企业应用 10BPs 的一系列行业相关且入门难度不高的工具。该工具可以帮助供应链上的各个品牌与企业一同学习相关专业知识，使其在提高自身认知的同时也能更好地了解供应商企业的环境表现与碳排放水平。

» **专家现场**：CbD 项目专家必须具有 10 年以上的节能减排经验，并且在纺织行业至少有 50 家工厂以上的诊断经验。这些专家将根据 CbD 项目的统一要求，对工厂进行现场诊断，提出改善建议。

» **专家工具**：CbD 项目为了提高专家工作的一致性，专门为专家开发了统一性工具。

> **最佳实践观摩**：CbD 项目每年在参与项目的企业中，选出实践效果最佳的 1~2 家企业，并邀请所有参与项目的企业参加现场观摩和技术交流。

在 CbD 项目设计中，最终的节能减排效果的核查也是重要的组成部分。CbD 项目认为，全程可信的数据是所有品牌战略和企业行动能真正落实的关键之一。因此，CbD 项目会对企业实施的节能减排效果进行实地核查核证，确保企业真实实施了节能减排项目，并且达到了预期的效果。

专家团队在首次及末次走访企业时，会为 CbD 项目实施前后企业的能源、用水和碳排放状况分别填写评估表。此举旨在就 CbD 项目提供的一系列能效工具对工厂环境绩效变化的反映能力提供反馈，评估其提升碳减排、能源与用水效率的有效性。为了更好地帮助（包括品牌在内）参与企业提高认知及相关知识储备，项目结束时，CbD 会针对各个企业的最终表现颁发相应证书并召开表彰大会，积极帮助品牌和企业（在获得更优环境表现与碳减排的前提下）寻找更多合作机会。

四、成绩

从与几家初始品牌和试点工厂合作至今，CbD 项目已成功推广至全球各地的 50 多家知名品牌、500 多家纺织印染工厂和相关贸易商，而实施范围也从一开始的单一工业园区拓展到中国纺织企业最为密集的浙江、江苏、广东及山东等地（这四个省也依次为中国纺织企业数量占比前四），再到中国大部分的纺织企业所在地，最终也走出中国，项目范围覆盖到了部分亚太地区国家。

综合目前参与过项目的 500 多家工厂实施的超过 2000 条方案来看，参与企业的平均碳排放年均减少 9.76%，相应的平均节能与节水比率分别为 10.43% 与 11.48%。根据统计，在每批参与项目的企业中，排名前五的企业能够达到年均碳减排 30% 左右，一些极其优秀的企业的碳减排比率甚至能够达到 50% 这一数字；同时，CbD 项目所有方案的历史平均回收期约为 13 个月，这意味着近半数的项目方案在 1 年左右就可以完全收回成本。这些项目方案不仅包括结合 CbD 核心方法学 10BPs 提出的方案，也包括在 CbD 团队及专家的参与下与企业一同开发的节能降耗方案。综合历史记录中各个企业的得分与最终结果来看，虽然这些企业的企业规模、生产类型、管理水平与设备使用等方面在项目参与之初起点不一，但并不影响各自在项目中实现自身的碳减排潜力。

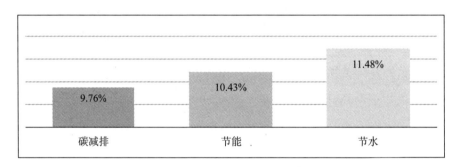

Cbd 项目碳减排、节能、节水百分比历史数据统计

从另一个角度来说，作为创新性绿色供应链项目，CbD 项目很好地协调和促进了各个利益相关方的积极性。

时尚行业品牌作为一开始的响应者与企业的采购方，在整个项目的执行过程中可以大大促动供应商企业的积极性。在每年的 CbD 项目中都会有品牌为了更好地调动企业的积极性，组织各种沟通会议甚至多次赶赴现场与企业高层进行深入沟通，帮助企业树立自身的责任意识与提升改善的决心。而在这个过程中，品牌自身的环境意识与相关知识也在不断提升，从根本上更加理解和认同碳减排及能源用水管理这一必然趋势。

项目进行到今天,不断有品牌将碳减排管理纳入每年的重要议题中,甚至开始设计自身的碳中和目标和日程,并在过程中与 CbD 团队保持密切沟通与交流。同时,也不断有品牌将企业参与项目与否及最终成绩纳入每年的采购标准当中,以此更加直接地从供应链角度鼓励上游供应商企业进行更加彻底和完善的转型与提升。

CbD 项目的成功实践证明,采用供应链这一杠杆,可以在抓大促小的原则下通过与时尚行业品牌的联合和交流,最大限度地覆盖数量众多且分散的供应商企业,使得整个行业能够尽量达成共识并一同取得长足进步。

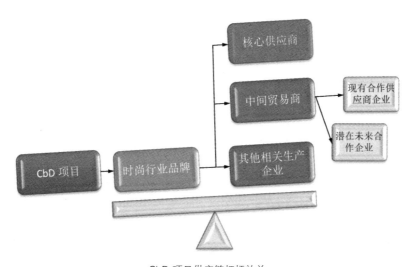

CbD 项目供应链杠杆效益

对于供应商企业来说,具体项目的实施不仅带来了效率提升与成本降低,并且让自身真正认识到设立科学碳目标的重要性。在参与项目的过程中,企业的各个不同层面的负责人,尤其是技术人员能学习到更多纺织行业的相关知识与方法学,自身也成长为行业内的专家。这些未来的专家与 CbD 内部专家和合作团队专家一样,都是可以在行业内提出科学管理目标与实践方案的重要人才。而在项目中与 CbD 团队及采购方品牌的深入交流，使得之前对碳减排与碳中和不甚了解乃至认为其与自身相关性不大的企业也可以更多地了解供应链不同环节的需求。

在 CbD 项目的历史案例中可以看到，有很多供应商企业在参与项目后拥有了更多与采购方品牌（包括现有品牌也包括未合作过的品牌）沟通的途径，并通过 CbD 项目的成果获得了更多的商业合作机会。有越来越多的企业在项目完成后继续通过品牌或直接寻找 CbD 团队，提出更多合作与方案支持的需求，作为全球纺织行业绿色供应链的重要一环，以自身行动实践更多的科学碳管理与减排措施。

五、经验

以 CbD 项目为代表的绿色供应链实践的成功，可以成为全球化分工下很多行业的参考，其中实施成功的关键因素，可以主要归结为以下三个方面。

1. 供应链终端品牌企业的领导力至关重要

在整个供应链中，终端品牌企业的领导力至关重要。品牌需要承担引导者和召集者的角色，切实推动供应链的碳减排工作。品牌在其供应链商业范围内大幅开展绿色采购政策宣传，并且在实施采购的过程中切实执行这些政策，而不是唯价格论，以大范围地号召其供应链企业参与碳减排行动，这种引领性的政策和行动是真正影响行业发展的。如果品牌只是在一些公开的会议中宣传其可持续发展的目标，而在实际活动中只是减少了其本身的碳排放（如前所述，仅占总量的 6%），对供应链采购却缺乏实际的行动，漠视供应商的环境影响，这种行为将使得供应链碳减排成为一句空话，得不到实际的产出。

需要指出的是，很多终端品牌企业要在内部加强各个部门的协调，来体现品牌的领导力。因为碳减排、环境问题一般由品牌的可持续部门或环境部门负责，但品牌对供应链的真实影响力，离不开采购部门的介入甚至直接沟通。随着目前国内国际对环境问题重视程度的进一步提升以及碳中和的大趋势，品牌内部可以更加明确可持续部门的作用，增加其在采购决策中的影响力，并使之更多地与供应链上游的供应商企业直接沟通，从而更有效地推动供应链碳减排的实现。

2. 为供应链行动提供专业技术指导是重要的推动力

一般而言，工厂缺乏专业的知识和团队来制订碳减排计划、实施碳减排项目。因此，推动供应链碳减排行动，必须提供广泛的知识培训和专业指导。

CbD 项目作为拥有自身核心方法学的供应链项目，在执行过程中可以发现无论是项目组合作方还是供应商企业内部，仍然需要更多行业专家并提升专业人员的技术水平，否则工厂虽然开展了碳减排活动，但往往效率低下，甚至做错项目。

在 CbD 项目年复一年的进行中，除了挖掘更多行业资深专家的参与，也不断为企业自身培养出更多优秀甚至达到专家级别的技术人员；同时，各类工具与方法学也在不断开发迭代，以适应不同参与方的需求。

3. 供应链协同行动，形成行业共力

在 CbD 项目中，我们发现各方首先在参与的压力与积极性上会略有不足，供应链企业的行为会趋于保守。在实施具体的项目时，供应链企业往往以缺乏资金或者不具备实施条件等理由来逃避实施责任。这个状态需要在供应链碳减排行动中予以解决，最佳的途径是：要更明确供应链中各个主体的角色，确定责任和义务，并进行更多品牌和供应链企业的内部、外部及所有利益相关方之间的有效交流；有效开展坦诚和切实的交流会，包括商务和技术等多个方面，品牌和企业都可设置相应的标准与考核机制，督促大家一同努力。例如在 CbD 项目中，一些行动缓慢的工厂往往可以通过这种交流，了解一些先进工厂的行动获利信息，从而获得鼓舞，加速其碳减排项目的实施。

六、总结与展望

全球化大分工是一个不可阻挡的国际趋势，在这个过程中，越来越多的企业并不生产具体的最终产品，而只是生产一些特定的中间产品和零部件。如何通过供应链的价值传递力量，事半功倍地减少全行业的温室气体排放，是一个重要的课题。

CbD 等供应链项目在纺织行业供应链的成功实践，证明了这种借助供应链力量去推动全行业减排目标的实现是切实可行的。在供应链中的各个企业，通过参与这种上下游协同工作，设置共同的目标来实现节能减排和成本降低，能逐渐形成行业性的共同行动，实现全行业的减排目标。

我们看到在这些供应链行动中，中国本土品牌参与程度并不高，目前参与的大多数供应链企业都是国际品牌企业和参与国际市场的中国工厂。而中国品牌在全世界的影响力已经日益增强，我国有一半的纺织品是在国内市场销售的，也有大量的中国品牌在逐步占领国际市场，因此中国本土品牌需要更多地参与供应链碳减排行动，这对我国纺织行业实现碳中和至关重要。

第七节　呼唤更环保的电动汽车

我们常说保护环境人人有责，如果我们消费者都能选择低碳出行、电动化的交通工具，也算给保护环境做贡献了。

——电动汽车车主　王先生

"BestEV 最优电动车"项目搭建了一个政府、行业与消费者之间的良性沟通平台,传递了消费者的心声;同时也深入浅出地向社会公众做科普宣传,解释了社会普遍关注的电动汽车领域热点问题,对电动汽车的发展与普及做出了不可或缺的贡献。

——中国电动汽车充电基础设施促进联盟　张帆

跨海大桥上驰骋的汽车

一、纯电动汽车,拯救世界之选

很少有人知道,纯电动汽车的诞生,比燃油汽车还要早上 4 年。19 世纪末,当第一批汽车从马车中脱胎问世的时候,纯电动汽车曾与燃油汽车和蒸汽汽车分庭抗礼:安静又容易启动的纯电动汽车也曾经是城市通勤的重要成员。然而,随着城市规模的扩大,续航短、充电不易的短板变得越来越明显,使得纯电动汽车暂时离开了舞台中央,几乎只在农贸市场仓库和沿街派发牛奶这一类特殊的场景里,顽强地保留着最后的火种。

石油供应危机曾经让纯电动汽车在 20 世纪后期短暂复兴,可是充电速度再度成为瓶颈。如今，我们正处于纯电动汽车第三次兴起的浪潮之中，而且这一次，诸多新技术特别是锂离子电池的加盟，让我们看到了追平比分的希望。

与此同时，人类面临的生存危机也使我们不得不寻找解决方案。燃烧化石燃料不仅产生了大量污染物，也加剧了温室效应，导致全球变暖。为了人类的永续发展，我们需要在整个21世纪里，将地球气温的上升幅度控制在1.5℃之内。中国作为一个负责任的大国，对环境污染和气候变化问题给予了高度重视，并为降低碳排放寻找解决方案。大力发展纯电动汽车，便是其中之一。

纯电动汽车不仅仅是没有尾气的交通工具，也如同一个隐藏的调蓄电能的"仓库"。在解决出行问题的同时，千千万万动力电池的存储能力，使产生之后不易储存的电能可以被暂时留住，甚至在必要时输回电网。这使电厂不必按照用电最高峰安排生产计划，减少了电能过度供应导致的浪费，也为一些尚不稳定、容易冲击电网的新能源，如风能和太阳能，找到了用武之地。因此可以说，多赢的纯电动汽车，是解决当下能源与环境危机的上佳选择。

二、民间汽车电动化转型案例：用消费带动节能减排

中国石油对外依存度持续增长，直逼国家能源安全警戒线[①]，其中车用石油消耗占比超过40%，机动车已被生态环境部确定为中大型城市的主要污染物排放源。为改善空气质量、降低交通污染物排放，中国大力推广新能源汽车，尤其是纯电动汽车。2008年年底，科技部和财政部、国家发展改革委、工业和信息化部四部委联合发布"十城千辆"计划。2010年，新

---

① 2010年中国石油对外依存度达55%，2018年突破70%。

能源汽车产业被国务院确定为中国七大战略性新兴产业之一。2012年，国务院正式发布《节能与新能源汽车产业发展规划（2012—2020年）》，明确以纯电驱动为新能源汽车发展和汽车工业转型的主要战略取向，将推进电动汽车和插电混合动力汽车产业化作为重点工作。由此，中国进入了电动汽车高速发展阶段。国际上有特斯拉的Model S、日产Leaf，国内则有各传统车企摩拳擦掌，纷纷推出新能源汽车车型。2010年，比亚迪推出使用磷酸铁锂电池的纯电动车e6，续航里程达300km，是当时世界上续航里程最长、首款大批量面向大众的纯电动乘用车。后来，北汽、众泰、江淮、吉利、长安等中国车企也开始着手纯电动汽车的研发。

政策上，国家和地方都给出了购置补贴、充电补贴、牌照政策、不限行等一系列优惠措施，吸引了一批勇于尝试新鲜事物的用户。

油车太不环保，在十面霾伏的北京，踩油门的一霎，会有内疚感。我个人的理念是电动车是未来的趋势：一是因为它环保，对大城市是一个很大的影响；二是它理论上比汽油车更简单，部件少很多，它比汽油车应该更容易做好。最近环境监测机构也说机动车比例会越来越高，尤其是在北京市的拥堵环境下，我觉得如果在这个情况下我们把电动车的质量做到一个可以接受的水平，然后国家这一块把充电的方便程度做好的话，我相信会有很好的前景。

——电动汽车初代车主　张先生

国家的政策真的很热很响，然而在实际落地层面，因为纯电动汽车的设计与制造有着和燃油汽车不同的逻辑，它过于漫长的"缺席"，使大部分人已经不再具有关于纯电动汽车的知识，推广电动汽车就属于摸着石头过河了。

电动汽车作为产业转型与节能减排的重要手段，与消费者衔接存在认知差异，一套专业、公正的评估体系将有助于帮助公众更快认可并选择性能优良的电动汽车。"BestEV 最优电动车"项目由非营利智库组织能源与交通创新中心（iCET）于 2015 年启动，这是中国第一个基于车主驾驶体验的电动汽车评估体系，旨在推动电动汽车的广泛使用，加速汽车市场变革，最终实现机动车非化石燃料驱动与零排放（或者近零排放）目标。

BestEV 项目组对最早一批购买纯电动汽车的车主进行一对一采访，了解大家在早期电车购买及驾乘使用过程中碰到的问题。

唐先生，2015 年 7 月购入纯电动汽车，坐标北京：

"对于续航里程，在冬季会很焦虑。"

"我上班单程是 62 公里到 65 公里的样子。这款车标定续航里程 200 公里，完全能满足我的需求。在夏天，通勤往返是有保证的；但是冬天在开暖风的前提下最多能跑 100 公里，在冬天还是会有里程焦虑的。"

"基本上可以满足驾趣，但功能点上还存在不少瑕疵。"

"电动汽车相对于油车更可以满足一些驾趣，比如起步提速，它这个度拿捏得挺好。车的稳定性和各方面起码让我对国产车还是有一定认可的。但是呢，它也有很多瑕疵，比如它的底盘、风噪、仪表盘、内饰等很多方面是有很大提升空间的。"

邓先生，2015 年 11 月购入纯电动汽车，坐标北京：

"我是小区买电动汽车的第一人，小区不让装充电桩是最大难题。"

"买车后前几个月没有安装充电桩，冬天用车耗电太快，续航得打六折，每天要到不同的地方去找公用充电桩，而且 2015 年的时候公用充电桩很难找。我有固定车位,但是小区物业担心用电安全问题一直都不给装个人充电桩。我是我们小区第一个买电动车的,所以开了两三个月以后,觉得很不方便,就基本上停用,以开汽油车为主了,电动车只在限行的那一天开。后来到了2016年的七八月份,想了各种办法装了自己的充电桩,就觉得好多了,可以开得多一点了。"

"质控水平不到位,一到冬天就遭殃。"

"现在平时电动车用于通勤,特别是夏天会用得多一点。最近又感觉这个车也蛮好,因为停车比较方便。但是在冬天还是不行,因为车企的质量控制到现在为止还有一些问题,冬天玻璃会往下掉,车子的密封性不好,密封性不好就会有冷风进来,电就掉得更快了。如果质控水平更高一点的话,我是很愿意开电动车,少开一点汽油车的。"

宋先生,2016年购入纯电动汽车,坐标上海:

"纯电动汽车无论从节能减排还是维护保养的角度都比插混车型更好。"

"买车的时候综合考虑了纯电动车型和插电式混合动力车型,一个是想到上海是逐渐从插电式混合动力汽车向纯电动汽车消费进行过渡的,再一个是家用,想买一款相对大一点的车型,所以选择了这个纯电品牌的SUV。因为纯电动汽车无论从节能减排还是维护保养的角度都比插混车型更好。插混车型毕竟有两套系统,在保养、维护方面可能还是跟燃油车区别不大,而纯电动车型在这方面比传统车能节约非常多的成本。"

"放松了购车必须配有固定充电桩的限制,这就给了上海车主更多的选择权。"

"说到充电桩,原来其实是蛮头疼的一件事情。之前在上海购买新能源车需要提供固定停车位充电桩安装证明文件。好在从2018年开始,上海购买纯电动车放松了必须配有固定充电桩的限制,只要求在家附近或者上下班比较方便的地方有可以充电的地方即可。这就降低了我们买车的门槛，很多人可以有机会去买纯电动汽车。"

三、"BestEV 最优电动车"项目

随着对电动车使用体验的反馈意见不断增加，行业内外展开了很多的反思：新能源汽车作为市场新生事物，其保有量占比仍较低。其主要原因在于：新能源汽车的发展离不开国家和地方各级政府的扶持，而消费者仍主要受限购、限行驱动，在对新能源汽车的认知与接受程度方面仍有欠缺，环保意识不强，需要加强教育与引导；同时，有意购买新能源汽车产品的消费者对于如何选购产品、安装充电桩、安全使用电动汽车存有很多疑惑，信息来源分散而且往往利益相关难以辨别；此外，行业、政策和消费者之间的连接较为薄弱，缺乏有效沟通的桥梁，消费者在实际使用环境中遭遇的切实困难难以反馈并得到解决。

"BestEV 最优电动车"项目以第三方客观、中立的身份听取消费者最真实的声音，是连接消费者、制造商、决策者的纽带，力求从三个核心层面推动电动汽车的发展与普及：

一是团结消费者。通过建立社群、收集来自消费群体的一手使用信息，并通过逐项指标评估和科学可靠的计算方法，为消费者提供真实有效的电动汽车用户体验信息和选购参考。

二是沟通制造商。通过提供所有车主对某款电动汽车驾驶体验的指标（定量和定性指标）评估分析，为制造商的产品技术提升和战略规划提供支持。

三是影响决策者。通过组织专家研讨，以及分析和获取电动汽车市场实际发展进程，为主管部门制定公平有效的管理体系提供参考。

2019 年，为了更好地推动 BestEV 评估，*i*CET 发起了 BestEV 合作伙伴联盟，本着公正、中立、客观的原则联合公益组织、行业媒体、权威研究机构、行业利益相关方等共同搭建传播及研究平台，截至目前接洽伙伴近 30 家。针对不同的热点话题联合不同的伙伴，如消费者代表、行业媒体、协会、企业及政策专家，进行讨论，联合制作内容同时进行联动传播。

自"BestEV 最优电动车"项目于 2015 年启动以来，整个团队在北京、上海、无锡、郑州、海南等省市发起车主活动及实地调研，共举办线上、线下车主活动 30 余次，共收集 6000 余份电动车主问卷，覆盖 300 余款车型；线下组织参观充电场站、试驾中心 50 余次，组织研讨会及媒体发布会 20 余场；联盟合作伙伴达 30 余家，合作行业专家 40 余位。项目成果在多个论坛进行宣讲传播，覆盖行业人士及潜在消费者达千万人。

四、民间专业化探索的里程碑式成果

随着纯电动汽车展现出的实用性及在环境保护方面的优势，从 2016 年开始，世界上的一些发达国家开始用立法的方式，设定燃油汽车退出市场的时间表。中国也紧随其后，开启燃油汽车退出路线图研究，如海南于 2019 年率先发布了"2030 年禁售燃油汽车"的目标，这标志着汽车的电动化转型成为大势所趋。

*i*CET 在深入研究国内外传统燃油汽车禁售情况、新能源汽车技术发展趋势、市场经济作用、石油供应安全和环保与碳减排等驱动力的基础上，撰写《中国传统燃油车退出时间表研究》报告，提出了中国传统燃油汽车替代与退出的设计方案，并对其不确定性及风险进行了分析。

该报告认为，燃油汽车的逐步退出是一个不可逆转的全球性趋势。在节能减排、污染治理和汽车产业转型等因素的驱动下，多个国家和汽车企

业都为燃油汽车的退出做好了准备。很显然，制定燃油汽车禁售时间表，可以发挥政策对企业生产规划的指引性作用，给社会一个明确的市场信号。这将有助于政府制定相关政策，使投资者做出明智的决定，企业提前进行生产部署，消费者也能转变认知和消费模式。

中国发展新能源汽车、逐步退出传统燃油汽车的第一大驱动力是加强大气污染防治力度与提高空气质量。发展新能源汽车是道路交通污染防控的重要手段，也是减少石油消费、保障国家能源供应安全的重要途径。这份报告建议将燃油汽车的退出步骤，按照"分地区、分车型、分阶段"的原则，基于不同地区经济发展、汽车人均保有情况、新能源汽车产业发展、充电基础设施建设等因素分步执行。即从地区和车型的角度，给出了燃油汽车退出市场的时间表——在2050年以前，实现传统燃油汽车的全面退出。

随着燃油汽车在中国逐步退出市场，油料的消费和温室气体的排放量都会在达峰后持续走低。尽管考虑到锂等稀有金属资源供应、电池回收利用和充电基础设施建设、传统车企转型、外部环境，以及重大技术突破等不确定因素，燃油汽车的退出进度有很大不确定性，但为了子孙后代的未来，我们应努力争取最好的结果。

五、2020年，继续服务消费社群——电动汽车知识普及

2020年，基于既有的伙伴平台（数十家有影响力的电动汽车推广机构与媒体组成的BestEV伙伴联盟）、消费者社群（BestEV及各伙伴的车主社群）与专家资源（来自政府部门、科研院校、NGOs、企业等的专家库），以及以往消费者调研及实地深度调研基础，BestEV项目组编制了半专业科普性质的"电动汽车百问"——《关于电动汽车的100个问题》，指导消费者购车选择，在购买、用车、充电等过程的各个环节给予最详细真实的

答疑指导；同时，也针对私人充电桩安装环节编制操作手册，结合不同城市的政策优惠与实操条件，特别是北京、海南、深圳、上海等省市，通过案例分析等形式梳理地方居住社区及办公场所建桩政策、程序性规范、流程要求及注意事项等，开展实际操作指导。

《关于电动汽车的 100 个问题》

六、未来展望：电动化转型之路及世界性能源转型的新挑战及新机遇

如今，我们已经站在了未来交通的大门前。纯电动汽车变得越来越常见，更为进步的燃料电池汽车也已经崭露头角，并且有可能在不远的未来从公交车推广到更为广阔的领域。这些安静又清洁的汽车，正在将人类载向环保出行的新时代。

然而，纯电动汽车仍然面临诸多挑战。一方面，电池的充电是一种电化学反应过程，终究不如燃油汽车直接加入油料来得方便，在长途使用时，这便会是一块明显的短板。另一方面，相比于燃油汽车，纯电动汽车更接近于电子产品。这固然为进一步的升级，如部署无人驾驶技术提供了接口与平台，但也让纯电动汽车成为一个"黑箱"，令驾驶员不易判断电力与计算机系统的故障。更重要的是，纯电动汽车在行驶过程中固然不会排放尾气，但如果将评判尺度放大到它的整个"生命周期"，它是否仍然对环境足够友好？它消耗掉的电能，如果追根溯源，又有多少是清洁的能源？从老化电池的回收处理，到节约电能乃至回收利用，纯电动汽车为人类的汽车工业，还有其他诸多相关产业，提出了一系列新的课题。

解决这些课题的过程，是人类社会能源转型进程的一部分。这个过程很可能会伴随着不解与阵痛，却可以让人类这个物种拥有永续发展的可能。

既然今天的我们已经认识到，纯电动汽车为解决交通导致的环境污染打开了一个突破口，那么接下来的工作便是沿着产业链去疏导每一个环节，使纯电动汽车的这一次复兴，真正发挥出改变世界的力量。

第八节 追本溯源，企业碳减排责任与行动

一、引言

中国在第七十五届联合国大会上提出"二氧化碳排放力争于2030年前达到峰值，努力争取2060年前实现碳中和"的承诺，成为近年来全球气候变化政策中最重要的声明[1]。而激励和引导企业降低温室气体排放，也成为中国兑现上述承诺，以及全球实现《巴黎协定》目标的关键路径。

为此，公众环境研究中心（IPE）充分利用过去十年间在开展绿色供应链工作中积累的经验，积极开发企业气候行动指数（CATI），引导企业关注供应链的温室气体排放，通过开发中国企业温室气体排放核算平台赋能中国企业开展碳核算，同时持续推动碳数据披露和数据可视化呈现，促进多方参与气候治理，助力中国实现经济绿色低碳转型和"双碳"目标。

---

[1] 王鑫：《中国争取2060年前实现碳中和》，《生态经济》2020年第12期。

二、中国气候政策指向

2020年，新冠肺炎疫情对全球经济带来了冲击，也给世界各国履行国家自主贡献的温室气体减排目标带来了更多挑战。与此同时，中国在第七十五届联合国大会上提出"二氧化碳排放力争于2030年前达到峰值，努力争取2060年前实现碳中和"的承诺。

为此，生态环境部提出以降碳为总抓手，调整优化环境治理模式，加快推动从末端治理向源头治理转变，通过应对气候变化，降低碳排放，从根本上解决环境污染问题，并于2020年12月公布《碳排放权交易管理办法（试行）》，将属于全国碳排放权交易市场覆盖行业，且年度温室气体排放量达到2.6万吨二氧化碳当量的企业列为温室气体重点排放单位，并明确要求这些企业公开其年度排放数据。虽然这份管理办法对企业披露温室气体排放信息提出了明确的要求，但传统的命令控制型（Command and Control）手段并不足以引导并赋能企业实现绿色低碳转型。

这就需要来自市场的经济激励，刺激企业为获得更多的订单、贷款或投资，加速采取节能减排措施。不仅如此，以信息公开为基础，充分利用数据和互联网技术的经济激励型手段，还可以更有效地激励企业从核算碳排放量开始，识别温室气体排放的热点环节，设定目标并追踪目标达成进展；通过定期披露温室气体排放量接受利益方和社会公众的监督，形成一个"可监测、可报告、可核查"（Monitoring, Reporting and Verification）的企业减排路径，助力减污降碳协同治理。

三、企业层面碳管理现状

根据国际上广泛使用的《温室气体核算体系：企业核算与报告标

准》①，企业可将组织边界内的温室气体排放根据排放源划分为范围一（直接温室气体排放，来自其拥有或所能管控的排放源，包括化石燃料燃烧、工业过程和企业车辆）、范围二（间接温室气体排放，特指企业外购能源使用中的隐含排放）和范围三（其他间接温室气体排放，其中包括企业供应链排放）三类。

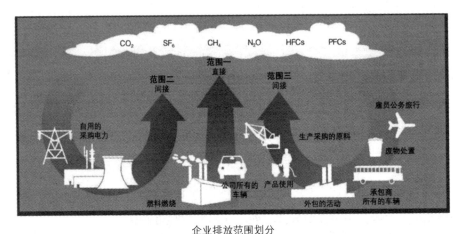

企业排放范围划分

（图片来源：《温室气体核算体系：企业核算与报告标准》，2011）

鉴于大部分企业都有采购产品和服务的需求，供应链的温室气体排放在品牌企业商业活动的温室气体排放总量中普遍占据很大的比重。全球环境信息研究中心（CDP）于2021年发布的全球供应链报告②指出，供应链的温室气体排放是品牌企业自身运营排放的11.4倍，而对于零售和纺织行业的品牌企业来说，这个比例可能达到25倍，甚至28倍。这意味着，品牌企业亟须将温室气体排放管理和减排的重点聚焦在供应链，特别是原材料生产等上游环节。

---

① 世界可持续发展工商理事会、世界资源研究所：《温室气体核算体系：企业核算与报告标准（修订版）》，经济科学出版社，2012。

② CDP, *Transparency to transformation: A Chain Reaction*，2021.

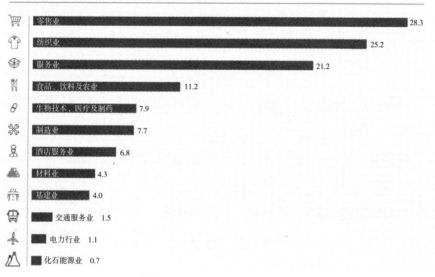

供应链排放与企业自身运营排放比
（图片来源：CDP 全球供应链报告）

但目前很多品牌企业尚未开展供应链碳管理，或设置了针对供应链的温室气体减排目标，但不知道如何推动目标的落地。特别是中国较西方国家在气候治理方面起步较晚，大多数在华企业尚不了解如何管理温室气体排放。尽管国家发展改革委自 2013 年起就陆续发布了 3 批共针对 24 个行业的《企业温室气体排放核算方法与报告指南》[①]，但对于国内大部分企业来说，如何测算现阶段的温室气体排放水平还是新鲜事物。企业内部也没有设置相应的岗位或制定相应的制度，来识别并管理其温室气体排放热点。

四、企业减排创新方案

（一）CATI 指数引导品牌关注在华供应链碳排放

中国作为"世界工厂"，承担了大量的全球产业链排放。自 2013 年以

---

① 相关发文字号为：发改办气候〔2013〕2526 号、发改办气候〔2014〕2920 号、发改办气候〔2015〕1722 号。

来，IPE 一直致力于引导并激励在华开展采购的跨国公司关注中国供应商的低碳环保表现，降低供应链的环境影响和温室气体排放。2018 年，在全国碳交易市场即将启动之际，IPE 与合作伙伴共同开发了供应链气候行动指数（SCTI），通过收集品牌企业公开的数据和信息，对品牌企业利用采购订单引导供应商开展节能减排工作、降低供应链上的温室气体排放的行动效果进行评价。

随着中国政府碳达峰和碳中和目标的提出，IPE 进一步推出升级版的企业气候行动指数（CATI，本节简称"CATI 指数"），为品牌企业绘制出一份开展供应链碳管理的路线图，从治理机制、测算披露、目标与绩效、减排行动四个方面引导品牌企业关注温室气体排放的热点环节，并推动高碳排的供应商开展节能减排工作。

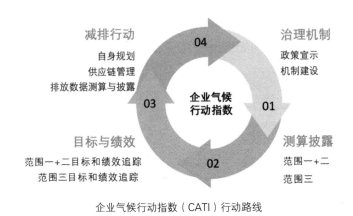

企业气候行动指数（CATI）行动路线

（图片来源：IPE）

自 2021 年 4 月发布 CATI 指数以来，IPE 已经与近百家国内外品牌企业开展沟通，引导其依据下述路径管理在华供应链的温室气体排放。

① 制定企业气候治理相关管理制度，明确企业气候治理与商业目标的关系，将应对气候变化的能力纳入商业风险管控和供应商筛选管理机制中；

② 开展企业温室气体排放核算，创建企业温室气体清单，识别范围一、二、三中的热点排放源；

③ 根据企业历史碳排放数据，选定基准年，合理设定绝对减排目标和/或强度减排目标，并将减排目标分解到企业运营和价值链上；

④ 制订企业温室气体排放管理计划；

⑤ 利用非化石能源替代、能效提升、增加碳汇等措施减少运营部分的碳排放；

⑥ 通过绩效评估、赋能、鼓励创新和财务激励等机制推动碳排放热点供应商开展减排行动：核算披露温室气体排放量，尝试自行设定减排目标并追踪减排绩效；

⑦ 发起企业气候行动倡议，与碳排放热点供应商合作开展减排项目；

⑧ 利用供应商多年碳排放数据，追踪供应链减排进展，及时更新企业碳管理计划；

⑨ 识别并推广供应商减排最佳案例，推动实现供应链规模化减排；

⑩ 向上游延伸，推动供应商按照上述路径自主开展针对自身供应链的碳管理。

（二）温室气体排放核算平台赋能中国企业碳核算

在造成全球气候变暖的人为温室气体排放量持续增加的背景下，企业在管理温室气体排放方面开展行动对全球达成温室气体减排及碳中和目标具有至关重要的作用。

企业开展温室气体排放管理的第一步是碳核算。目前，国内强制性碳核算的主体主要包括属于全国碳排放权交易市场覆盖的 8 个行业的重点排放单位[①]。此外，在品牌采购方、金融投资者等利益方的激励下开展自愿

---

① 生态环境部：《碳排放权交易管理办法（试行）》，2020 年 12 月。

性碳核算的企业逐年增加。虽然更多企业尚未开展碳核算，但在"双碳"目标的引导下，碳核算的市场需求持续扩展。

为协助企业开展碳核算，特别是中小企业自行计算温室气体排放量，IPE 于 2020 年与专业机构合作，共同开发了中国企业温室气体排放核算平台（以下简称"IPE 核算平台"）。

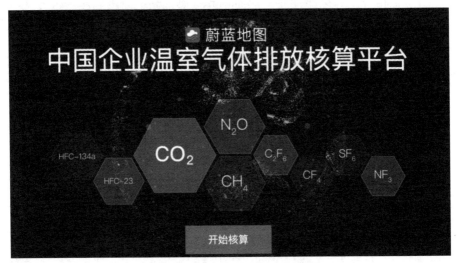

中国企业温室气体排放核算平台界面

IPE 核算平台基于国家发展改革委自 2013 年起分 3 批发布的《企业温室气体排放核算方法与报告指南》，将适用于 24 个行业（即发电、电网、钢铁、化工、电解铝、镁冶炼、平板玻璃、水泥、陶瓷、民航、煤炭、焦化、石油天然气、石油化工、造纸、有色金属、电子设备、机械设备、矿山、食品、公共建筑、陆上交通、氟化工及其他行业）的温室气体排放核算公式及排放因子内嵌入核算平台。

企业只需要依据煤炭和燃油订购单、电费缴纳单等单据，输入核算边界（通常为最低一级的独立法人企业或视同法人的独立核算单位）使用的化石燃料、外购电力和蒸汽等能源消耗数据，就可以直接计算得出对应的温室气体排放量。

目前，使用 IPE 核算平台的企业用户主要是品牌企业在中国的供应商。如上文所述，对于向多层级供应商采购的品牌来说，供应链的温室气体排放在整个商业活动的温室气体排放中占据较大比例。因此，领先品牌，如苹果、戴尔、阿迪达斯、耐克等，正在推动在华供应商核算并披露温室气体排放数据，以追踪自身供应链的温室气体排放情况。2020 年，戴尔在供应商工厂管理系统中收集工厂级温室气体排放数据时，就推荐供应商使用 IPE 核算平台进行排放量的核算；富士康在节能减排线上研讨会中，也向供应商介绍 IPE 核算平台的使用方法，并协助供应商在蔚蓝地图披露碳数据[1]。

对于尚未被政府列入强制性温室气体核查名单，或被品牌采购方要求核算温室气体排放的其他企业来说，IPE 核算平台可以协助企业从开展自我核算入手，对自身在生产经营过程中的温室气体排放情况开展摸底排查，并以此设定温室气体减排目标，通过提升能效、开展可再生能源替换化石能源等方式，减少温室气体排放总量和单位产品碳强度，增强产品的碳竞争力。

（三）碳数据披露表赋能企业自主展开减碳行动

除了协助企业依据国家发展改革委的核算方法与报告指南核算温室气体排放量，IPE 还开发了碳数据披露表，为供应链上下游的企业提供碳数据披露的平台。

该数据披露表参考国家发展改革委的核算方法与报告指南、世界资源研究所的《温室气体核算体系：企业核算与报告标准》，以及国际机构 CDP 的温室气体问卷，涵盖温室气体排放信息、减排目标及绩效和碳资产等模

---

[1] 公众环境研究中心：《供应链气候行动 SCTI 指数 2020》，2020 年 10 月，第 38 页。

块。虽然企业范围三排放的测算未在国家发展改革委的指南中提及，但 IPE 持续推动品牌关注供应链上下游的排放，因此将其纳入碳数据披露表。

IPE 开发的碳数据披露表主要指标及单位

企业温室气体排放信息	范围一排放量（tCO_2e）	企业涉及产生温室气体的工业过程排放	
		企业拥有车辆排放	
		企业使用化石燃料排放	
	范围二排放量（tCO_2e）	净购入电力、热力等的排放	
	范围三排放量（tCO_2e）	外购产品和服务产生的排放量（供应链排放量）	收集供应商数据占比
	碳强度（tCO_2e/ 单位产值）		
	生物源产生的温室气体		
	碳核查方法学 / 碳核查是否经过第三方认证		
企业减排目标设定	绝对目标①	基准年；起始年；目标年；自基准年起的减排百分比；基准年排放（和度量单位）	
	强度目标②		
	是否基于科学碳目标		
减排绩效	节能量		
	减排完成比例		
	减排量	排放变化的情况说明	
碳资产	碳配额和核证自愿减排量（CCER）		

企业可以通过 IPE 网站在线填报上一年度及过往年度的数据，并需要上传电费发票、第三方核查报告等数据来源文件。为协助企业更高效和高质量地填报碳数据披露表，并利用碳数据披露表持续追踪温室气体排放变化，IPE 不仅制作了视频培训资料，还在线上填报系统中增加了数据自动校验功能，在数据出现较大误差时提示企业及时修订。

---

① 绝对目标指一定时间内减少的碳排放量，可以直接反映出温室气体排放量减少的数值。
② 强度目标指一定时间内减少的碳排放量与经济产出之比。

截至2021年9月底,983家供应商企业利用IPE开发的碳数据披露表,核算并披露能源使用情况及温室气体排放数据。其中,236家供应商企业设定了绝对目标,187家供应商企业设定了强度目标(部分供应商同时设定了绝对目标和强度目标)。2021年,41%的供应商企业设定了中长期减排目标,相较2020年增长了11个百分点,但供应商减排目标设定的科学性还有待增强。

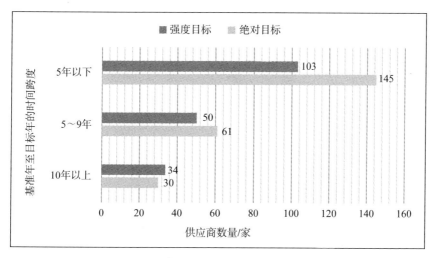

2021年供应商在IPE披露减排目标情况

(数据来源:IPE)

供应商企业案例——嘉兴康龙纺织:碳数据披露并设定减排目标

嘉兴康龙纺织有限公司借助IPE开发的碳数据披露表,连续5年披露温室气体排放数据,设定温室气体减排绝对目标。

图中浅色线显示2016—2020年企业温室气体排放总量(范围一和范围二)的变化,以及现阶段减排进展。截至2020年,嘉兴康龙纺织已减排19%的温室气体,其减排目标已完成77.5%。

嘉兴康龙纺织自主开展减碳行动的进展与趋势

（数据来源：IPE）

五、推动更多方参与气候治理

面对气候变化给人类生存和发展带来的严峻挑战，中国彰显大国担当提出碳达峰、碳中和目标，为全球气候治理做出更大贡献。而这还需要中央、市场、投资者、社会组织多方利益相关者的参与，加强多方合作与公众监督，助推中国"双碳"目标的达成。

如今，国家、企业、金融机构和学术界都在朝着净零排放冲刺，在华大型企业的碳管理能力仍处于初级阶段；在华采购的跨国公司对供应链碳排放的关注程度仍有待提升。为助力"双碳"目标实现，IPE 拟定企业减排创新方案，旨在借助 CATI 指数引导企业管控供应链排放，并赋能中国企业碳核算与碳数据公开披露，激励在华企业自主开展气候行动。

未来，IPE 将持续更新改进企业气候行动工具，赋能和引导企业核算并公开披露碳数据,为企业气候行动的落实创建一个公正、合理、包容性强的评价系统,并促进多方参与气候治理,助力中国实现经济绿色低碳转型和"双碳"目标。

第九节　低碳共创是怎样一种体验

一、引言

随着"双碳"目标的提出,大量企业开始将"低碳发展"纳入自己的可持续发展目标,在这一过程中,如何大步推动创新、实现绿色低碳转型日益成为企业关注的重点。除了内部创新,也有越来越多的大企业将目光聚焦到外部,选择与初创企业这一创新生力军携手,通过各种形式的合作来加速企业的碳中和进程。

然而,大企业要与初创企业"相约""共舞"甚至"联姻",并非容易之事。作为两家持续深耕于可持续创新创业领域的组织,Impact Hub Shanghai 影响力工场和绿色创业汇各自在实践中积累了丰富经验,通过帮助企业识别其面对的挑战、梳理低碳发展需求、遴选对接创新方案、共同孵化初创企业、支持项目试点落地和影响力传播推广等一系列方式,帮助大企业与初创企业真正实现高质连接。

2020 年,在汇丰中国和恩派基金会的支持下,Impact Hub Shanghai 影响力工场和绿色创业汇联合启动了一个名为"低碳共创营"的五年期项目。此项目旨在深度构建大企业与初创企业间的合作,是为了应对全球气候变化危机、支持企业低碳发展的一次积极尝试。

二、低碳创业者迎来"30·60"时代

在中国政府提出"双碳"目标后，各个行业乃至个体企业都需要思考该如何参与这一进程，设定并落实各自的减排目标。许多大企业在经过认真思考后得出了这样的结论：自己必须去积极寻找低碳创新技术，利用这一机遇完成产业转型和升级，否则就可能被淘汰出局。

在迈向"30·60"的道路上，拥有高精尖低碳创新技术的创业企业能够起到至关重要的作用——但同样重要的是，他们必须要找到愿意为其技术和服务买单的潜在客户。而对于那些仍处于初始起步阶段的小企业来说，他们还需要通过外部的"孵化"，去帮助自己少走弯路，迅速让自己的产品得到市场检验，形成有效的商业模式。

这正是"低碳共创营"项目的设计初衷：为低碳创业者，尤其是早期创业企业，匹配有低碳创新技术需求的企业（也就是"潜在客户"），让其低碳技术在真实应用场景中得到试验和锤炼，有效提升技术的商业化水平和创业的成功率，从而帮助低碳创业者成为实现碳中和目标的重要力量。

为什么创业者需要真实应用场景呢？这是因为基于过往的初创企业孵化经验和与可持续领域的创业者深入接触访谈，项目团队发现：早期创业者面临的最大挑战之一是有效识别客户需求，并根据需求设计出相应的产品，完成从技术到产品落地的"死亡谷"的跨越。美国知名的风险投资研究机构 CB Insights 近年的一份调查[1]也得出相似结论：他们对 101 家失败的初创企业调查其失败原因，其中排名第一的原因是，初创企业做出的产品并不是市场客户所需要的。

对于低碳技术创业团队来说，许多企业的成立初衷是看到了特定的环境问题，创业者们针对这些问题开发出了独特的解决方案。这些创业者通

---

[1] CB insights, *The Top 20 Reasons Startups Fail*, 2016.

常有着更灵活且富有新意的商业模式和创新潜力，因此最有能力走在绿色创新的最前沿，以及更容易实现包容性发展和更积极地应对气候变化。然而相比于传统创业者，这些有志于解决中国环境问题、应对气候变化的创业者面对的是全新的市场、技术和全新的产业政策，更容易遭遇"缺人、缺钱、缺资源"等各类困境。

而对于大企业来说，他们在寻找外部低碳创新解决方案的过程中也可能面临诸多挑战，有些缺乏对低碳创新具备深度理解的人才的积累，有些难以准确识别和定位自己在企业发展不同阶段所适用的创新需求，有些无法觅到优质解决方案的渠道与资源，还有些欠缺与创新项目对话对接的经验。一言以蔽之，大企业要精准匹配与自身业务发展阶段相适应的创新解决方案，困难也并不小。

"低碳共创营"项目希望能够起到"穿针引线"的作用。一方面，为低碳技术创业团队提供真实应用场景，帮助他们了解潜在客户/产业伙伴的真实创新需求，在与大企业的对接中实践产品落地和市场验证，跨越早期发展中最难逾越的一道鸿沟，早日成为推动可持续发展和应对气候变化的先锋力量。另一方面，项目团队也能依靠自身多年积累的可持续领域专业知识与经验，协助大企业寻找到符合其需求的解决方案，精准匹配对接创新技术，以此推动产业优化升级，共同打造绿色生态体系。

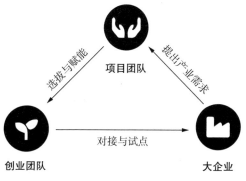

项目团队与大企业和创业团队共创低碳转型

三、食品饮料行业的低碳共创实践

"低碳共创营"项目计划期为五年,目标是在五年时间里与3~5个不同行业开展合作。第一年选择的行业为与每个人日常生活息息相关的食品饮料行业。

以"吃""喝"为例,如何能够通过低碳创新技术降低碳排放呢?

比如,如果在农业种植中,能够不采用或者尽可能少采用化肥,用更加绿色有机的技术去种植瓜果蔬菜,那么消费者在吃得健康、放心的同时,也相当于为碳中和做了贡献——因为化肥释放的 N_2O 是主要的温室气体之一。

再比如,在食品的加工阶段会产生许多副产品,如果能够将这些副产品加工成全新的产品,或是回收再制成可应用在其他场景的建材、包装等原材料,那么原本要生产这些产品或原材料的能源和自然资源就可以节省下来。

食品饮料的包装环节也有着降低碳排放的巨大潜力。相信所有人都有过拿到手的食品饮料被过度包装的经历,如果能够使用可持续的包装设计或环保材料,就可以减少废弃物的产出,进而降低能源和其他资源的消耗。

享用食品和饮料这一过程也与碳排放有很大关系。联合国粮农组织、世界银行等多家专业机构的研究结论都显示:全球每年为人类消费而生产的食物中的1/3都被浪费掉了,每年浪费的食物达到13亿吨。更多的研究还发现,食物垃圾的碳排放量相当大:1/4的食物生产排放都是由供应链或消费者直接的浪费造成的。如果能找到创新方式去解决这种浪费,比如提高供应链的透明度、提升冷链配送体系效率等,都能减少食物的浪费。

因此,食品饮料行业是应对气候变化的核心领域之一。联合国粮农组织最近的一份研究报告表明,食品系统(包括上游的种植业和养殖业)生产直接排放占全球温室气体排放总量的20%以上。中国要实现2060年碳中和目标,除了被重点关注的新能源和重工业须产业升级,与我们每个人生活紧密相关的食品系统减排也是当务之急。

正是基于这一考虑,首期"低碳共创营"项目特别选择了以食品饮料行业的低碳创新为切入口。除了希望帮助食品饮料企业完成低碳创新、减排升级,也希望借中国碳中和元年这一契机,从"吃""喝"这些与每个人息息相关的角度出发,提升更多消费者的认知与意识,让更多人理解碳中和与个人生活的关系,看到自己可能为实现碳中和做出的选择与改变,实现更广泛的破圈。

四、低碳如何"共创"

首期"低碳共创营"项目于2021年3月正式启动。项目经过前期调研和规划后,以五大环节展开推进,在整个过程中贯穿具有影响力的社群传播和公众教育,在宣传项目本身的同时实现科普和影响力的破圈。

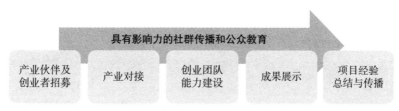

"低碳共创营"的五大环节

产业对接是整个"低碳共创营"项目最为核心的一环,项目团队为此精心设计了不同阶段,首先通过小型路演和分组讨论的形式,由产业伙伴与创业者进行首次交流,明确应用场景,形成初步共创计划。随后,双方进入单独对接阶段。项目方在这一环节中,会指导产业伙伴与创业者共同设计对接计划,包括设定目标和工作时间表。与此同时,项目团队会定期跟踪进展，解决可能出现的交流与合作问题，并定期邀请创业者和产业伙伴共享阶段性的对接进展、收获、挑战，布置下一步行动安排，同时接受导师的指导与点评。

此外，在项目活动期间，Impact Hub Shanghai 影响力工场和绿色创业'汇会同步开展研究工作，对产业对接环节关键要素进行总结与提炼，推出实用性报告，既用于指导下一年工作，为其他创业者提供产业共创参考建议，也用于呈现收获和产出，进而量化整个项目的影响力。

在首期"低碳共创营"项目中，有产品配出包装行业全球领袖阿普塔集团，国际食品、农业和风险管理产品及服务供应商嘉吉公司，达能中国饮料，植物肉品牌星期零等企业加入。此外，还有数家国内知名乳业企业、关注替代蛋白的全球 500 强企业、知名植物蛋白饮料品牌、致力于推动可持续农业发展的全球平台和关注食品饮料创新的媒体平台等作为行业支持伙伴一同参与，从不同维度为创业项目提供支持。

通过前期产业伙伴访谈，项目团队帮助各企业梳理出了行业价值链各个重要环节的低碳发展挑战与企业具体需求。

食品饮料行业价值链的低碳发展需求

将近 100 家低碳技术初创企业参与报名，最后，18 家初创企业通过面试评审、专家考核等，进入首期"低碳共创营"项目，与产业伙伴展开进一步的沟通和对接。

与此同时，Impact Hub Shanghai 影响力工场以"你听说过'碳中和'吗？""振奋产业界的'碳中和'，与你我究竟有什么关系？"等为题，制作了一系列面向公众群体的"低碳百科科普"原创视频，通过微信公众号发布。这些视频短小有趣、深入浅出，一经推出即收到了良好的互动和反响。其中，题为"你听说过'碳中和'吗？"的街头采访在短短几天内获得了超过 5000 人次观看，并在社群里引发了一波波讨论，充分体现出大家对于这一话题的热情与好奇。

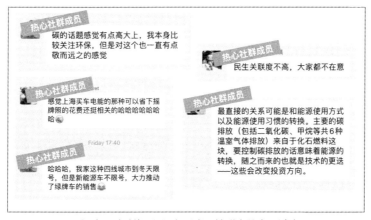

"低碳百科科普"短视频引发了社群中的大量讨论

五、从低碳创业到低碳共创

项目执行方 Impact Hub Shanghai 影响力工场和绿色创业汇均为多年致力于推动初创企业可持续发展的专业机构。项目初衷并不局限于帮助个别低碳创业者，而是通过"低碳共创营"这一形式，研究总结出具有共通性的解决方案和模式，使项目更具备可复制性和推广性。

"低碳共创营"是一种助力产业实现碳中和的全新模式。在这一模式中，每一个环节都非常重要，可以说是真正将共创精神发挥到了极致。

第一，与产业伙伴共同识别挑战、梳理其低碳创新发展需求这一环节，既是出于后续招募初创企业的需要，其过程本身对企业和"低碳共创营"项目也有着重要价值。尽管参与"低碳共创营"项目的大企业都对气候变化和企业社会责任有了相当高的认知，也可能已经发展出了企业可持续战略，但是由于在实践碳中和的过程中常常并无过往案例与成熟经验可循，这意味着绝大多数企业是在"摸着石头过河"——此时，与低碳发展相关的专业知识与资源支持就尤为宝贵。而对于项目而言，能够有机会深入了解真实的产业应用场景，聆听大企业实际面临的多种挑战，也能从中积累宝贵的知识与经验，加以归纳总结，能够成为进一步理解并助力整个产业实现碳中和的坚实基础。

第二，正因为前期花了大量时间与产业伙伴进行访谈，识别出了符合业务发展的真实需求，项目才可能寻找匹配到真正有对接合作可能的创新解决方案，初创企业也才可能拥有之后实践产品落地和市场验证的可能性。

第三，项目始终带着对产业需求和可持续发展大趋势的敏锐度去赋能创业者。在整个项目执行过程中，除集中的能力建设环节之外，Impact Hub Shanghai 影响力工场还为所有创业者定期提供汇聚行业内各种视角的社群活动。可以说，对于创业者而言，这类社群活动是项目中极其宝贵的资源。

第四，尽管这一项目重点聚焦的是产业和企业，但这并不意味着其中不存在进行影响力传播和公益教育的空间。事实上，正如前文提到的，选择食品饮料行业入手的重要原因之一就是其与所有人的日常生活息息相关。因此，项目在推进过程中贯穿了大量针对公众的内容传播，希望能让更多公众看到、感受到、受益于并且参与到食品饮料行业的碳减排。而更多的公众参与，恰恰是国家实现碳中和目标的重要一环。

此外，项目的时间长度定为五年，计划与不同的合作伙伴开展不同行业和主题的产业共创营。在碳中和这一议题上，如何有效将一个行业的经验为另一个行业所借鉴应用，也是本项目希望着重探索的新课题。

六、结语

在中国全力实现碳中和目标的道路上，可持续的经济增长、社会发展和环境保护必须通过创新去驱动。而要让创新过程始终保持源源不断的活力，搭建一个充满生机的创新生态体系至关重要。

作为长期致力于推动可持续创新创业生态体系建设的行动者，Impact Hub Shanghai 影响力工场和绿色创业汇深知"协同"与"共创"的意义。独行者速，众行者远。携手更多产业的成熟企业、初创企业与广泛意义上的创新创业社群，共同在这一舞台上舞出和谐舞步，正是"可持续"发展的要义所在。

第五章
Chapter 5

发展与展望

第一节　中国青年造就绿色未来

随着全球青年气候行动的开展，青年在气候议题方面的参与度越来越高。从 2005 年中国青年参与气候变化国际事务开始，中国本土的青年气候行动也开始发芽、生长。随着中国本土的青年气候环保组织的兴起，并结合新媒体的快速发展，中国青年已形成自身的气候行动路径。

2019 年 9 月 21 日，首届联合国青年气候峰会在联合国气候行动峰会之前举办，邀请 18~29 岁的青年积极参会，来自全球的年轻活动家、创新者、企业家和变革者齐聚纽约。这次峰会不仅为青年领袖提供了重要的展示平台，更重要的是，为其提供了和决策者对话交流的平台。回顾过去五年间全球青年气候行动的热潮，青年在气候行动中的积极身影重新回归公众和决策者的视野中。联合国青年气候峰会的举办代表着在国际气候行动中，青年群体获得了更大的行动空间和发声空间，也成了青年气候行动的新起点①。

2020 年，新冠肺炎疫情肆虐，我们原有的生活、工作方式都受到了巨大的冲击，全球气候行动亦是如此。应对气候变化的行动在应对疫情的同时艰难推进。中国"30·60"碳达峰、碳中和的国家宣言为全社会应对气候变化设定了目标，也成为一剂强心剂坚定地推动着各行业的行动。中国本土民间组织中以青年应对气候变化行动网络（CYCAN）为代表的青年环保组织也在思考：在国家政策的积极推动下，青年应当在气候行动中发挥怎样的作用？

---

① 引自《应对气候变化报告 2020：提升气候行动力》中的《应对气候变化行动的青年参与：历史、现状与展望》，由中国社会科学院和中国气象局联合出版。

应对气候变化从来不是一国之事，而是全球各国、各阶层需要协同努力的共同事业，需要的是"人类命运共同体"的共建。在全球，18~35 岁的青年群体约占全球人口的 1/3；在中国，2020 年 14~35 岁的青年群体约 4 亿人，占中国总人口的 28.4%，占世界人口的 5.19%。而青少年是被《联合国气候变化框架公约》认可的利益相关者团体。青年群体应当成为气候行动中的坚实力量，中国青年亦应担当全球公民的责任，积极参与气候变化国际事务。

中国青年最早参与到气候变化的国际事务当中是在 2005 年，彼时中国青年代表何刚参加在加拿大蒙特利尔举办的 COP11，并发表《我们的气候，我们的挑战，我们的未来——2005 年蒙特利尔国际青年宣言》；2009 年，CYCAN 推动中国历史上第一支青年代表团启程前往哥本哈根，参与气候变化谈判大会。CYCAN 在 2007 年成立之初，便以培养中国优秀的青年气候行动者为使命，在过去近十五年的实践中不断探索适合中国青年的气候行动路径。

一、中国青年的气候行动路径分析与行动潜力

CYCAN 在 2020 年发布《中国青年气候意识与行为调研报告 2020》（以下简称"调研报告 2020"），该报告基于覆盖全国的青年气候研究项目，回收 5481 份有效问卷，访谈 37 位青年代表，聚焦 18~24 岁的中国大学生青年群体，从气候意识、气候行为和气候教育三个侧面描绘中国青年气候画像，着眼于国内和国际两个不同维度，思考中国青年在应对气候变化行动中应有的角色和行动路径。

调研报告 2020 显示，在气候意识方面，青年群体已经意识到气候变化的严重性，但尚未能将气候变化作为一种社会背景与自己的生活和发展紧密结合，或未能把气候变化作为一种思考视角与更广泛的社会议题（如

性别议题）联系起来，呈现高关心、浅认知的状态。青年群体认为公众和政府是承担应对气候变化责任的关键主体，其中公众被认为是第一主体，总体上认可政府在应对气候变化中的政策成效，同时也期待政府在公众参与政策制定和科普教育方面投入更多。

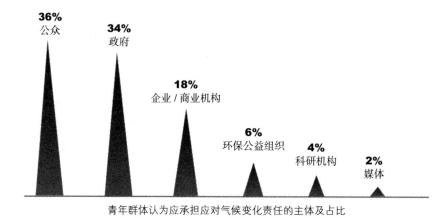

青年群体认为应承担应对气候变化责任的主体及占比

在气候行为方面，青年气候行为模式以个体日常实践为主，成就感是主要驱动因素，青年群体的气候行动路径尚未形成。总体来看，青年群体目前应对气候变化的行为模式体现出公众是应对气候变化第一责任主体这一意识特征，呈现以个体日常实践为主的特点（较低门槛的志愿活动、线上宣传和捐款等），且更多呈现出"从我出发，做好自己"即可的个体意识，较少将自己置身于"青年"的群体想象之中，尚未形成以青年为主体的行动路径，缺乏影响公众的意愿。"从我做起"和"行胜于言"体现出新世代青年的社会责任感，但如果止步于此，或许会影响青年推动政府和商业机构改变的意愿。在气候行为中的消费行为方面，虽然青年群体尚未经济独立，实际购买力有限，但作为未来的消费者，青年群体呈现出成为气候友好型消费者的潜力。总体来看，受访者为"绿色"买单的意愿较为强烈。68%的受访者愿意"为保护环境支付更高的价格"，62%的受访者愿意"为保护环境缴纳更多的税"，而愿意"为保护环境降低生活水平"的受访者占比 57%。年龄越小的消费者对于"漂绿"行为的容忍度越低，更重视公众社会责任，绝大多数青年人都认同并愿意为低碳生活做出更多努力，且在快递包装和衣物回收方面呈现出变革的潜力。调查显示，70% 的青年会尝试将快递包装进行二次利用或者废品回收。在焦点小组访谈中，受访者也指出快递包装的质量和材质阻碍了重复使用，这一反馈体现出对供给侧的更高要求。

在气候教育方面，总体来看，青年参与气候教育的渠道有限，但对气候教育有比较高的期待和参与意愿，希望高校能创新教育方式，更多地开设气候变化和各类学科的交叉课程，采用更多实践类的教育模式。青年普遍反映，期待看到真实而震撼的气候传播内容，这也为环保组织的信息传播方式提供了可以从具象视角切入的指引，如向青年展示气候变化对本土居民产生的影响，以激发青年的共情。

中国青年的气候画像向我们展示了中国青年在气候变化议题中呈现的基本特征。如果把中国青年置于国内和国际两个视角下，会发现中国青年也存在一些相对的特点。

国内视角下，青年群体是公众气候意识先锋群体。与中国气候传播项目中心于 2017 年开展的第二次全国公众调研中的全国公众的数据进行对比，此次调研中青年在气候变化方面的认知程度和关心程度都远高于公众水平。相较于全国公众调研中有 7.1% 的受访者从没听说过气候变化，此次调研中仅有 1.1% 的受访者对气候变化非常不了解。在应对气候变化方面，青年认为公众是排在第一位的责任主体，而在全国调研中公众只排在第四位，落后于政府、媒体和环保公益组织，这体现出青年较高的社会责任感。

国际视角下，与西方的青年气候行动模式不同，中国青年更多是低碳生活践行者。在《应对气候变化报告 2020：提升气候行动力》中，青年群体在参与全球气候治理中的角色被分为气候研究者、气候行动者与气候活动家。相较于西方青年激进的"气候活动家"模式,中国青年更多地展现出"气候行动者"模式,常以校园、社区为背景开展气候实践,并在日常生活中践行低碳生活。

二、新媒体时代的气候信息传递

在新媒体时代,信息的传播更加便捷与多元化,信息来源不再集中在报纸、杂志、电视、广播等传统媒体,人人都是自媒体,每个人都可以是信息的发布者和传播者,即从 PGC(Professional-generated Content,专家提供内容)到 UGC(User-generated Content,用户生产内容)。尤其是移动终端的发展,使得手机成为人们获取信息的主要载体,不受时间和空间的限制,信息以碎片化的形式更加方便快捷地被人们接收,甚至人们也能够随时随地见证并记录重要的历史时刻。随着科技的不断发展,微博、微信、抖音等新的信息传播平台正在向大众传播更为及时且多元的信息。相较于传统媒体的以文字传播为主,新媒体给人更多视觉和听觉上的冲击。

调研报告 2020 显示,青年在气候变化相关信息来源渠道上表现出对政府的高度信任。中央政府是青年获取气候变化相关信息最信任的渠道(56%),且信任度远高于科研机构(11%)、环保公益组织(10%)及新闻媒体(9%)。同时,受访者也期待形成"公众+政府"共同应对气候变化的合力,对政府在气候传播方面提出了更高要求。

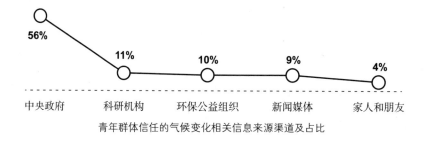

青年群体信任的气候变化相关信息来源渠道及占比

新媒体技术的革新也极大地提升了内容的交互性[①]，给大众更强的参与感。大众可以通过评论、弹幕等形式表达自己的观点与反馈，真正实现跟发布者的互动，甚至可以影响发布者的后续内容，引导其产出自己想看的内容。结合新媒体便捷、多元化、交互性强的特点和优势，气候变化的传播也更应该适应 PGC 到 UGC 的趋势，不仅要做专业的内容，也要做个性化的公众喜欢看的内容，同时运用易接受的手段方法。

那青年喜欢看什么内容？调研报告 2020 显示，青年群体希望接触更真实和震撼的内容，72% 的受访者认为"触目惊心的实拍纪录片"能真实反映气候变化对自己的影响，更能引起大家的关注。而关注的下一步就是思考与行动，如何通过有效的传播让更多人行动起来也是气候传播中非常值得探讨的问题。

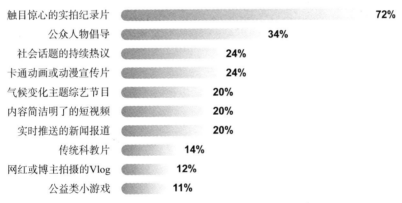

能引起青年群体关注的宣传形式或产品类型及占比

如何将气候变化的宏大叙事与个人生活联系起来？调研报告 2020 显示出青年群体对低碳生活有较高的认同度。76% 的受访者认为自己比较了解低碳生活，95% 的受访者认同并愿意接受低碳生活。但紧跟而来的是行动层面的障碍，在付诸实际方面，68% 的受访者愿意"为保护环境支付更

[①] 孙苇萌：《对新媒体传播技术发展趋势的探析》，《传媒论坛》2019 年第 2 期。

高的价格"，62% 的受访者愿意"为保护环境缴纳更多的税"，而愿意"为保护环境降低生活水平"的受访者占比 57%。还有相当大一部人不愿意为保护环境降低生活水平。

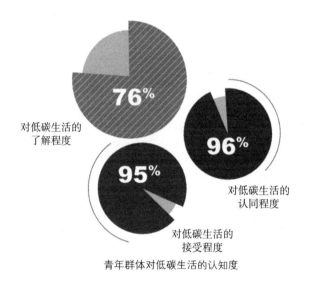

青年群体对低碳生活的认知度

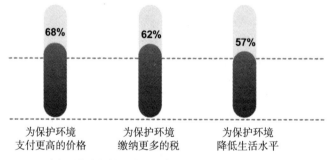

青年群体为保护环境愿意接受相关做法的意愿程度

但实际上，气候行动也就是环境保护，不只是从业者的事，而是与我们每个人都息息相关，每个人也都可以简单做到。每个人在社会中都有着不同的角色：学生、打工人、决策者、消费者，等等，我们在每个社会角色之下都可以做出属于我们自己的环保行动，这也正是在气候传播的过程中需要告诉人们的。

2021年，CYCAN通过新媒体（微信公众号、微信小程序、微博、B站等）发起一系列低碳生活的探讨和实际行动，通过"青年低碳消费行为干预"项目引发青年对消费行为的反思，重新定义低碳消费；通过"让传统重新流行"项目号召青年一代回归家庭场景，发现并延续家中的可持续生活传统。多元的参与渠道与形式，给了参与者更丰富有趣的体验，也即时收到了参与者的反馈与建议。这一系列低碳生活的倡导都在引发青年的关注与思考之后，提供了简单易行的低碳生活参与方式：骑车代替公交、自带购物袋、旧衣回收、光盘行动、旧物循环利用、购买可持续商品，等等。

CYCAN并不是要求青年一味地过苦行僧式的生活，而是提供多种弹性的可持续的选择。这些简单易行的方式虽小，但能够让人更容易参与进来，微小的力量聚集起来也能改变世界；而不是在引起关注之后，直到热情和关注度散去，公众还是不知道要如何行动，徒劳无功。

1."青年低碳消费行为干预"项目

"青年低碳消费行为干预"项目由CYCAN于2021年发起，由"益起低碳"策略传播小额资助计划支持，旨在通过对中国青年一代的陪伴、引导与赋能，唤起中国青年对消费行为的辩证思考和有效行动，以促进青年及更广泛公众的低碳与可持续消费。

2."让传统重新流行"项目

"让传统重新流行"项目由CYCAN发起，希望通过广泛的公众舆论引导、定向的青年行动引领两个方面，启发中国新时代青年群体以可持续的视角看待传统观念，挑战与继承并进，引导中国青年探索出一条发扬可持续生活优良传统的有效路径，并形成有中国特色的可持续家庭行动方案。

三、气候行动需要什么样的青年群体

作为重要的公共议题之一，应对气候变化与公共生活、社会发展紧密相关，而公共生活及社会发展需要人的积极参与及建设，这种参与及建设是需要学习的，是一个渐进过程。

青年群体的可塑性很强，他们即将或刚刚开始独立生活、步入社会，对一切事物充满好奇心，勇于尝试及创新，对未来充满期待。在这个过程中，我们若能陪伴他们走过一段路，引导青年朋友将个人成长与社会发展联系起来，则将产生深远影响。对于公共生活及社会发展来说，鼓励青年发声，呈现青年心声，也非常重要，这关乎未来。因此，环保公益组织成为这个纽带，为青年提供机会到更广阔的社会舞台、到乡村田野、到真实的生活中发现真问题、思考真问题；同时亦提醒社会各界需要看见青年、听见青年，时刻思考和接纳未来。

那么，我们需要培养一个怎样的青年群体？

第一，我们希望青年积极参与公共生活。这就要求青年不断学习和了解社会各项议题，逐步找到个人兴趣，并尝试找到当中的问题或需求。应对气候变化作为一个全球共识，当它落实到一个区域、一个国家、一个社区的本土行动中时，应该怎么做？一个具体地域上的人类、生物、建筑等如何受到气候变化的影响，又如何积极应对气候变化？这些问题都需要回答。当青年以此为个人发展方向，尝试去找到其解决方案时，青年成长与社会发展的联系便建立了。这种联系不仅是个人与某项议题的联系，还是个人与其他人的联系。其他人指的是个人以外的个体，这些人不如父母、师长般亲切包容，如何与他们相处，共同面对人类共同的命题，是参与公共生活及社会建设的重要能力——如何倾听、如何表达、如何理解、如何说服，等等。看似很简单的内容，其实需要很强的同理心、开放的心态、

积极的行动，并反复锻炼，这就是我们说的公民素养。

第二，我们希望培养青年一种遇到问题便解决问题的勇气及决心，同时为他们建立社群，让社群给予他们支持及力量。积极的青年能为社会带来积极的改变，而积极的社会反过来也能支持更多青年成长。从公益组织的角度来讲，我们积极尝试推动这种良性发展，引领更多青年关注气候变化问题，让应对气候变化落实到具体的行动，用行动带来社会改变。

第二节　中国公益助力气候未来

对于中国 NGO 的未来发展，从相关法律法规的出台到社会组织发展规划的制定，都体现了中国政府对 NGO 发展的支持和鼓励。为了不断完善社会组织法律体系，国家陆续出台了多部与社会组织发展相关的法律。1999 年 9 月 1 日，实施《中华人民共和国公益事业捐赠法》，明确公益捐赠的法律属性，保障捐赠人的合法权益。2016 年 9 月 1 日，实施《中华人民共和国慈善法》，促进慈善事业发展，保障捐赠人、组织个人合法权益，规范募捐、捐赠、信托、志愿服务等。2017 年 1 月 1 日，实施《中华人民共和国境外非政府组织境内活动管理法》，规范境外非政府组织在华活动，规范国内社会组织与境外非政府组织的合作，规范社会组织涉外活动。2021 年 1 月 1 日，实施《中华人民共和国民法典》，明确非营利法人地位，将社会组织纳入整个民法体系，明确社会组织治理结构和退出机制。

为了规范社会组织分类管理工作，社会组织法规体系也在逐步修订和完善。1998 年 10 月 25 日实施的《社会团体登记管理条例》于 2016 年 2 月 6 日进行了修订。1998 年 10 月 25 日实施的《民办非企业单位登记管理暂行条例》于 2016 年 5 月 26 日发布修订草案征求意见稿，明确将民办非企业单位更名为社会服务机构。2004 年 6 月 1 日实施的《基金会管理条例》于 2020 进行了修订。2017 年 12 月 1 日，实施《志愿服务条例》。

2021 年 9 月 30 日，民政部发布《"十四五"社会组织发展规划》，提出完善社会组织法律制度：推动出台《社会组织登记管理条例》，同步健全配套政策制度；落实党中央、国务院关于行业协会商会改革重大决策部署，会同有关部门研究论证行业协会商会立法；推动修订《中华人民共和国慈善法》，推动相关领域立法增加社会组织条款，进一步明确社会组织法律地位和激励保障措施。同时，提出加强社会组织自身能力建设，包括加强内部治理、品牌建设和数字赋能。支持全国性社会组织重点围绕科教兴国、人才强国、创新驱动发展、乡村振兴、区域协调发展、可持续发展、积极应对人口老龄化等国家战略提供专业服务。稳妥实施社会组织"走出去"，有序开展境外合作，增强我国社会组织参与全球治理能力，提高中华文化影响力和中国"软实力"。①

2021 年 8 月 31 日，国家国际发展合作署、外交部、商务部联合发布《对外援助管理办法》，该办法于 2021 年 10 月 1 日正式实施。该办法第十九条规定了对外援助项目的主要类型，其中包括南南合作援助基金项目，即使用南南合作援助基金，支持国际组织、社会组织、智库等实施的项目。这是中国政府在对外援助文件中首次将社会组织写入其中，使社会组织拥有了参与中国对外援助体系的制度空间。社会组织进入中国的对外援助体系，将会带来一系列新趋势。第一，社会组织拥有了援外的法律身份，这将会鼓励更多社会组织开拓海外工作。中国未来将会出现一批国际性的社会组织。第二，提升了国际性社会组织在国内的合法性。政府主

---

① 民政部：《"十四五"社会组织发展规划》，2021 年 9 月 30 日。

导的社会组织制度环境决定了社会组织需要获得政府一定程度的认可与授权。第三，中国的社会组织可以借此面向公众、企业和高校开展多种多样的发展教育活动，提升不同群体对社会组织海外工作的认可度和支持度。[①]

回到公益力量本身，从本书中介绍的案例可以看出，中国社会组织在气候变化领域的工作实实在在地推动了跨界交流与合作，从气候变化科学理论到实践技术应用，从商业可持续发展到公众低碳生活，社会组织在其中发挥了科学知识解读、实践技术推广、公众宣教倡导等多重作用。根据本书中提到的社会组织参与应对气候变化的丰富案例和社会组织发展趋势，本节从以下五个方面提出展望和建议。

一、运用战略慈善理念，引领未来环境领域的资助方向

中国的公益捐赠，特别是环境领域的捐赠还处在起步阶段。为了促进环境领域资助者的合作与发展，实现环境领域慈善资金社会效益最大化，环境基金会开始探索创新的工作模式。

环境资助者网络（CEGA）于2018年1月29日启动，是中国环境资助者交流合作的平台，CEGA不是独立的法人注册机构，其依托基金会中心网运行并在决策委员会指导下工作。目前，决策委员会由北京市企业家环保基金会、阿里巴巴公益基金会、北京巧女公益基金会、红树林基金会、老牛基金会、千禾社区基金会、桃花源生态保护基金会、万科公益基金会、中国绿色碳汇基金会、中华环境保护基金会、自然之友基金会、基金会中心网组成。其他成员伙伴包括北京绿化基金会、中华环保联合会、中国国际民间组织合作促进会及华泰证券股份有限公司。CEGA主要工作领域包括：建立CEGA环境公益信息平台，对环境领域慈善公益项目进行

---

① 董强：《〈对外援助管理办法〉有关社会组织条款的政策解读》，《公益时报》，2021年9月22日。

综合分析，为成员单位工作提供支持；发表 CEGA 年度报告，引领未来环境领域慈善公益的工作方向；组织召开 CEGA 论坛/年会，推动成员间交流和影响力传播；促进环保慈善公益领域国际交流与合作，组织成员单位参加相关领域重要国际会议；建立环境领域慈善项目分类标准和影响力评价指标体系，以系统准确地评价环境领域慈善公益组织的社会影响力。

2020 年的 CEGA 报告[①]显示，CEGA 成员单位在 2020 年为中国环保公益行业提供了约 2.96 亿元的支持，非 CEGA 成员的七家基金会 2020 年环境资助金额总计 2394.37 万元，两类环境资助者合计共提供了约 3.19 亿元的公益支持。报告还梳理了 CEGA 成员单位对环保公益行业发展现状和趋势的分析，相较于 2019 年的呼吁从业者增强危机意识，2020 年更关注组织的可持续发展，专业性、联合发声联合行动、核心业务和团队成为建议的关键词，并提出了海洋保护、绿色低碳、气候适应领域的组织数量和专业性亟待提升。同时，报告梳理了环保公益组织在生态保护、污染防治、气候变化应对、宣传教育、环境法治五个领域的年度实践，并通过新冠专题和气候变化专题，让环保公益领域从业者更加了解发展趋势和契机，为机构业务布局和规划提供参考。

二、社会组织与企业合作，助力实现"双碳"目标

"双碳"目标的提出彰显中国发展进入新阶段。"十四五"时期作为实现碳达峰、碳中和的关键期与窗口期，需要重点关注实现碳减排约束下全面、协调、可持续的高质量发展，理性、智慧地平衡好生态文明建设与经济社会发展的关系。在未来几十年中，让绿色低碳转型更高效地渗入所有经济活动中，需要多方协同合作，最大限度地发挥优势，整合资源与力

---

① 环境资助者网络：《2020 环境资助者网络（CEGA）报告》，2021 年 9 月 27 日。

量，形成经济发展、社会进步、环境保护等多重协同效益，助力碳达峰、碳中和。

企业是减排的主体，企业实现"双碳"目标的关键是加强应对气候变化的能力建设，加强国内国际交流合作，共同探讨多路径解决气候问题的方法。为提高企业和公众对气候危机的认知，提升中国企业家在应对气候变化中的行动力和国际影响力，王石等企业领袖和环保公益人士于2014年发起应对气候变化企业家联盟，于2017年注册大道应对气候变化促进中心（C Team），旨在搭建国际间企业家交流平台，以互动、学习和深度参与的新型模式，共同探索中国经济发展的绿色转型。为进一步落实《巴黎协定》框架下中国承诺的国家自主贡献目标，2018年9月，在联合国气候行动峰会召开期间，C Team联合万科公益基金会、阿拉善SEE生态协会等数十家机构正式启动非营利性合作网络——中国企业气候行动（CCCA）。截至2020年年底，CCCA共有发起机构21个，成员和支持机构34个。

在2021年中国国际服务贸易交易会期间，中国国际民间组织合作促进会联合中国绿色碳汇基金会、商道纵横共同主办"双碳目标下的社会组织与企业合作论坛"。论坛围绕"双碳目标下的社会组织与企业合作推动碳达峰、碳中和目标实现"的主题，采用线上和线下相结合的形式，邀请来自政府部门、学术机构、企业、行业协会、国内外社会组织和媒体等方面的代表，共同从宏观政策、行业发展和机构实践等视角，探讨社会组织与企业如何形成合力开展"双碳"目标下的行动。为助力"双碳"目标落实、推动社会组织和企业跨界合作凝聚共识，通过深入交流，与会的行业协会、国内外社会组织、企业共同发起"打造创新引擎，促进绿色转型，共建零碳中国，争当双碳先锋"的"双碳"目标行动倡议：

（1）推动政府、行业协会、社会组织、企业通力合作，发挥社会组织和企业的创新优势，合力打造"双碳"目标下的创新平台，分享和推动良好实践。

（2）促进行业内外的跨界合作，促进未来经济向绿色低碳、可持续发展模式转型，在生态保护优先的前提下，推动产业高质量发展。

（3）各机构发挥自身优势，给行业和企业赋能，为企业碳达峰、碳中和战略的制定提供支持和服务，积极推动碳达峰、碳中和行动的落地和开展，共建零碳中国，争当"双碳"先锋。

社会组织与企业合作还有很大的发展空间，期待NGO伙伴们发挥各自的专业优势，推动社企跨界合作向新阶段迈进，助力实现"双碳"目标。

三、探索跨议题合作，协同应对气候变化

环境保护涉及很多不同的专业议题，如污染防治、气候变化应对、生物多样性保护、海洋保护等。之前，大多是各专业领域单独工作、分头行动，但其实不同的环境问题之间是有密切联系的，跨议题合作是未来的必然选择。

2020年，联合国《生物多样性公约》第十五次缔约方大会（CBD COP 15）原计划于10月份在昆明举办，受新冠肺炎疫情影响，会议连续两次推迟。根据联合国《生物多样性公约》秘书处发布的通知，会议将分两阶段在昆明召开。第一阶段会议于2021年10月11日至15日以线上线下相结合的方式举行；第二阶段会议将于2022年上半年以线下方式举行。也正因为这场历经波折但又相当重要的主场外交活动，使生物多样性保护话题成为全社会关注的焦点。

生物多样性丧失和气候变化都是由人类经济活动驱动的，而且相互促进。生物多样性和生物系统服务政府间科学政策平台（IPBES）和政府间气候变化专门委员会（IPCC）共同支持的一个研讨会报告称：气候和生物

多样性的空前变化已经结合在一起，并已威胁到世界各地的自然和人类及其生计和福祉。报告同时强调，除非共同解决这两个问题，否则这两个问题都不会得到成功解决。

以前，"气候变化"与"生物多样性丧失"这两个问题通常是分开讨论的，解决方案也是如此，各说各话。从以前的政策中也可以看出这一点，这些政策基本上是独立解决问题的。科学家们指出，这一次，两个挑战的信息和知识被整合成一个连贯的整体，以便人们和决策者能够理解这一双重信息以及这两个挑战之间的关系。

IPBES 主席 Ana Maria Hernandez Salgar 说："如果我们要妥善应对这些挑战，就必须对生物多样性丧失和气候变化采取综合办法，包括更多地依赖大自然来帮助缓解气候变化。"此份研讨会报告将为执行《巴黎协定》、2020 年后生物多样性框架以及更广泛的可持续发展目标提供相关信息。①

2019 年 9 月的联合国气候行动峰会上，联合国邀请中国与新西兰共同牵头推动"基于自然的解决方案"领域的工作，自此，基于自然的解决方案成为全球热点。基于自然的解决方案是实现《联合国气候变化框架公约》和《巴黎协定》目标以及实现可持续发展目标的重要措施，也是当前协同推动生物多样性保护和应对气候变化的重要措施。

四、社会组织走出去，参与全球气候治理

气候变化关乎人类福祉和社会可持续发展，面对这一全球性的挑战，国际社会需要携手应对、立即行动，否则未来适应气候变化的影响会变得更加困难，成本也会更加高昂。

---

① 中国绿发会：《应对气候变化与生物多样性丧失，如何协同增效？最新重磅报告发布》，2021 年 6 月 13 日。

在此背景下，全球气候治理的概念应运而生，它要求国家和非国家主体共同努力，共话解决方案。中国社会组织在气候变化领域的活动一直处于不断适应和发展的状态，机遇和挑战并存。《对外援助管理办法》的出台，为社会组织走出去提供了制度保障和发展机遇，但一直以来社会组织走出去面临的缺乏国际化人才和持续的资金支持问题，短期内难以得到解决。

在多边进程中，自2007年以来，多个中国环保社会组织持续参加联合国气候变化大会，跟进气候变化谈判进程，并与相关国内外利益相关者建立紧密联系。例如，全球环境研究所（GEI）已经在缅甸启动了一个低碳示范小镇项目，并通过"一带一路"倡议促进可再生能源的推广。而创绿研究院等研究型民间智库也积极为中国的海外投资项目献计献策，力争减少项目带来的对气候和环境的不利影响。

在国内层面，环保社会组织通过能力建设、政策倡导、气候传播、气候教育、联合行动等多种方式积极参与气候治理。中国国际民间组织合作促进会作为推动社会组织走出去的代表机构之一，已累计支持来自国内100多家社会组织，尤其是基层社会组织的300余位代表走出去，作为NGO代表参加联合国气候变化大会、二十国集团民间社会会议、金砖国家民间社会论坛以及中日韩民间论坛等可持续发展领域的全球性、多边性和地区性国际会议。这些活动有力地团结了中国社会组织的力量，在国际舞台有效传递了中国民间社会的声音，客观地介绍了中国在消除贫困、保护环境、应对气候变化、促进性别平等和社会进步等方面取得的成绩，为推动公平公正的全球治理进程、促进互学互鉴和推动2030年可持续发展议程贡献了民间智慧。

展望未来，中国应该利用世界领先的互联网技术平台支持发展中国家的项目筹款，运用大数据技术提供优秀项目对标，拉近中国民众与世界的距离，让中国民众以志愿者、捐赠人等利益相关方的身份，参与到与世界的互动交往中去，并提升发展中国家社会组织项目水平。社会组织无疑为中国人民与世界建立良好关系提供了良好的渠道。①

五、加强专业人才培养，为公益行业注入强劲动力

提到社会组织发展面临的挑战，绕不开人才问题。一是难以招到工作能力与岗位要求相匹配的人员；二是难以留住优秀人才。作者根据自身在公益行业的经验分析，存在人才问题的原因主要有两个。一是社会组织本身对人力资源问题重视不够；二是人才市场上的社会组织专业人才供应不足。

2021年1月25日，墨德瑞特发布的《从人到组织：公益机构人力及组织调研报告》显示，公益组织中，人力资源的职能多数由其他岗位人员承担，设有专岗人员的较少。设有人力资源专岗的组织有两个特征：一是全职人员的规模已经达到几十人，这说明员工数量是配置人力资源专岗的一个重要条件。二是组织的发展阶段对人力资源专岗的配置有需求。处在创业生存期的组织，还无暇顾及组织内部管理体系包括人力资源的建设。小组织不配备人力资源专岗是一个非常普遍且合理的现象。但即便是只有3~4人的小组织也必须实施人员招募、甄选、培训、薪酬支付等工作，只不过这些通常是由领导人自己完成的。而导致公益组织人力资源管理主要处于行政阶段的原因有两个：一个是现有公益行业的人力资源管理部门的专业水平所限。调研数据显示，40.6%和18.8%的领导人对"人力资源管理部门的员工具备专业水准，能够独立完成人力资源主要模块的制度建设和执行工作"表示"不太满意"和"亟待提升"。而另一个更深层次的原

---

① 中国发展简报：《社会组织走出去战略》，2018年12月29日。

因是领导人未认识到这应该是自己的重要职责和需要持续学习的领域。

如果组织有明确的战略目标,人力资源从业者就要承担评估和提高人才管理及领导力水平、组织能力及文化管理的重任,最终协助组织达成战略目标。即便组织的战略目标不清晰,人力资源从业者也需通过对人员及团队的影响促进战略目标的生成与实现。[1]

对于人才供应不足的问题,可以从高校培养专业化人才入手。近几年,高校和研究机构开始培养公共管理专业在职研究生,如清华大学公共管理学院作为国内第一批成立的公共管理学院,以推进中国公共管理学科发展、服务国家治理现代化及推进全球治理为己任,在学科建设和人才培养方面取得了显著成绩。[2]北京外国语大学国际关系学院在本科阶段探索开设"中国社会组织参与全球治理:理论与实践"课程,邀请中国社会组织负责人担任实践导师,与学校的学术导师一起对学生进行培养。

期待在人力资源专业支持机构、高校和社会组织的共同努力下,社会组织面临的人才瓶颈问题能够有所突破。未来,随着数字技术的快速发展和越来越多的年轻人加入公益行业,我们有理由相信中国的公益力量能够为应对气候变化工作做出更多贡献。

---

[1] 墨德瑞特:《从人到组织:公益机构人力及组织调研报告》,2021年1月25日。
[2] 《清华大学2022年公共管理硕士(MPA双证)研究生招生简章》,2021年9月24日。

后记

人心齐，泰山移。纵然气候变化是现今全人类面临的巨大挑战，但是看完了如此多迎难而上的行动和方案，是否充满力量和信心共创绿色低碳的未来？

环保公益组织在全球环境治理的进程中，特别是在应对气候变化的议题上，一直扮演着不可或缺的角色。在中国开展工作的本土和国际环保机构，多年来都是先行者、推动者和行动者。北京市企业家环保基金会（以下简称"SEE 基金会"）身为其中的一员，深知并敬佩同行们在各方面做出的努力，也看到了多年的经验累积，以及带来的有益变化和积极影响。从意识倡导到实际行动、从模式创新到影响变革，都有绿色公益力量的引领和参与。正是有了每个机构和每个人在各自领域常年的坚持，才有了这本书里生动的案例和故事。希望这本书的环保公益视角，能让宝贵的行动和方案被看见、被听见，也期待能影响更多的公众理解和认识气候变化，并成为气候治理道路上的同行者。

本书能在新冠肺炎疫情期间和众多不确定因素的存在下完成，需要感谢的人非常多。首先，感谢所有慷慨供稿的 23 家机构和 49 名作者，感谢你们在字里行间展露的专业和热诚，以及你们在故事背后的辛勤付出。很有幸能成为你们中的一员，成为这份气候事业的同伴。

特别感谢贺克斌院士为本书作序，贺院士几十年来深耕于大气污染防治和减污降碳协同增效等领域的科学研究，在序言中，他为大家解读了实现碳中和将给中国带来的深远变化，尤其是对我们的日常生活和生产的影响。

本书十分荣幸地得到了气候领域的前辈和领路人们的热心推荐。感谢杜祥琬院士，在古稀之年仍然坚守在能源和气候领域，为我国的低碳发展战略做出重要贡献，他的科学家精神让我们非常敬佩。感谢周大地所长，多年来不减对能源问题的研究和投入，身体力行地为解决气候问题献计献策。感谢王石主席，作为富有责任感的企业家代表，一直在带领更多的企业践行应对气候变化的实际行动。感谢柴麒敏主任，通过亲身参与多元且创新的气候合作，来解读和推广国家的双碳战略。感谢王彬彬秘书长，数年来以不同的角色投入气候事业中，专业、坚韧且持有诚挚的热情，同时也是女性领导力的榜样。最令人感动并倍受鼓舞的，是他们在所撰写的推荐语的字里行间中流露的对绿色公益的肯定和期待，这让我们更坚定地勇往直前。

感谢电子工业出版社的王天一和宁浩洛两位编辑，敏锐地发现了大热门的碳中和行动中环保公益这个小众角度，并愿意立项合作出书，从策划到定稿出版的整个过程，一直保持专业和耐心。

感谢 SEE 基金会的杨彪秘书长和张立老师给予的支持，不断肯定我们牵头出版本书的意义，并不遗余力地帮助对接相关资源。感谢编委会的郑晓雯、金少泽和杨子羿，在将近一年的书稿统筹过程中，无数次与作者们对接和沟通，通力合作、克服困难，正是相互之间的信任、默契和不放弃，让本书最终呈现在大家面前。

当然，中国环保公益组织在应对气候变化领域做出的贡献，远不止书里呈现的这些，太多未收录到本书的成果，都是激动人心的。以此作为一个新起点吧，感谢每一个为之努力的你。

最后，感谢这本书，让我们看到绿色公益的力量和期待的未来。

卢之遥
北京市企业家环保基金会